通向2008年的北京形象工程

城市形象细分

曹 随 著

中国建筑工业出版社

图书在版编目(CIP)数据

城市形象细分/曹随著.—北京:中国建筑工业出版社,2003
(通向2008年的北京形象工程)
ISBN 7-112-06106-7

Ⅰ.城…　Ⅱ.曹…　Ⅲ.城市—景观—环境设计
Ⅳ.TU984.11

中国版本图书馆CIP数据核字(2003)第100975号

《城市形象细分》是一部有关观察、分析、设计和管理城市形象的专著。全书以北京城市形象为案例,系统论述了城市形象细分的理论与方法,不仅具有较高的学术价值,而且具有现实的应用价值。本书是北京市社会科学院与第29届奥运会组委会联合设立的"通向2008年的北京形象工程"课题的重要研究成果之一。

本书主要供城市决策人员、城市管理人员、城市规划人员、建筑设计人员以及相关行业的从业人员阅读、参考。

*　*　*

责任编辑:曲士蕴
责任设计:彭路路
责任校对:黄　燕

通向2008年的北京形象工程
城市形象细分
曹　随　著
*
中国建筑工业出版社出版、发行(北京西郊百万庄)
新　华　书　店　经　销
有色曙光印刷厂印刷
*
开本:787×1092毫米　1/16　印张:8½　字数:170千字
2003年12月第一版　2003年12月第一次印刷
印数:1—3,000册　定价:**18.00**元
ISBN 7-112-06106-7
TU·5372(12119)

本社网址:http://www.china-abp.com.cn
网上书店:http://www.china-building.com.cn

作 者 简 介

曹　随　北京市社会科学院管理研究所所长、研究员，北京市社科院与奥组委联合设立的“通向2008年的北京形象工程”课题组组长。主要著作有《政府机关形象设计与形象管理》、《作业管理技术》、《经营之道》、《名牌之路》、《企业辩证管理》、《实用财务管理》、《陈永兴及其企业》、《中国现代造纸企业管理》等；担任《北京行业分析》蓝皮书主编。长期研究企业管理、组织文化、组织形象和城市形象。

序

"通向2008年的北京形象工程"课题是北京市社会科学院与第29届奥运会组委会联合设立的重大课题，本课题受到奥组委宣传部、总策划部和组委会的各位领导的高度重视；北京市社会科学院院长朱明德同志为加强对这个课题的领导，要求抽出一位副院长主管这个项目，最后决定由我承担这项任务。

一年多来，课题组做了大量的工作，他们全力以赴，日以继夜，即使在"非典"传染性疾病暴发期也未停止一天研究工作。协助调查研究的大批学生也付出了艰辛的劳动。

一年多来，对社区居民、公务员、全市各区、县的市民分别进行了数千份问卷调查，完成了多份调查报告；对北京市的城市景观进行了详细考察，认真分析了北京城市景观的优点和缺陷；进行了社区形象设计的试点工作，开创了中国社区形象设计的先例；在医院也进行了形象设计的有益探索；对政府机关进行了形象设计的启蒙教育；对北京的生活环境、生态环境、交通环境、旧城保护进行了全面的分析研究；对绿色奥运、科技奥运和人文奥运进行了深入探讨；陆续完成了一批阶段性研究成果，引起了人大和政府的有关领导及媒体的高度重视，产生了强烈的社会反响。

"通向2008年的北京形象工程"课题成为北京市社会科学院建院以来，媒体集中报道频率最高、面积最广、数量最多的课题。在这里，我想作一个简单的回顾。

媒体报道课题的情况

日　期	媒　体	报　道　题　目	字　数
2002年6月9日	《北京青年报》2版	北京求解形象课题——找出哪些方面存在不足，提供可行性报告	1000
2002年7月6日	《北京日报》7版	北京社科院奥运组委会科研课题启动——专家设计2008年北京形象	1248
2002年7月6日	《北京晚报》3版	2008：用科学办法从五方面入手　专家为北京订制新形象	1000
2002年9月24日	《北京晚报》头版	通向2008年的北京形象课题组，为北京设计生态名片——形象大使　蔷薇 槐树 花喜鹊	600
2002年10月14日	《北京晚报》28版新知前沿	通向2008年的北京形象课题组提出园林思路：北京城市国家森林公园应该建成什么样(配大幅画面)	1600
2002年10月28日	《北京晚报》28版新知前沿	通向2008年的北京形象课题组完成北京社区现状调查　首次提出设计北京社区形象(配大幅画面)	4000

续表

日　期	媒　体	报道题目	字　数
2002年10月31日	《京华时报》 4版时政	社区设计将有形象名片	500
2002年7月13日	《人民日报》 人民网	奥组委:一年默默工作	2400
2002年7月	北京广播电台新闻圆桌	通向2008年的北京形象	录播25分钟
2002年7月	中国国际广播电台世界华语	2008年北京形象	
2002年8月	《洛杉矶时报》	北京膀爷与市民形象	电话采访
2002年8月	中央电视台时空连线	上海万国旗与北京膀爷	录　像
2002年10月	北京广播电台新闻圆桌	在天安门广场吐口香糖与市民形象	录播25分钟
2002年10月28日	北京广播电台新闻	市民形象	录　播
2003年1月27日	《北京晚报》28版新知前沿	北京精神　民族色彩　全民参与　定义人文奥运(配大幅画面)	1848
2003年2月8日	《北京晚报》头版	北京社科院对市民现状摸底调查显示——住房与房价最牵市民心	1020
2003年2月11日	《北京日报》 5版新闻	生活上衣食无忧——北京人还惦记房子孩子老人	1092
2003年2月17日	《北京日报》 5版新闻	文明言行欠缺　损害北京人形象	504
2003年2月20日	《北京日报》 9版今日关注	了解北京人日常生活　两份报告,两组数字;了解北京,了解自己	500
2003年2月27日	《北京晚报》 28版新知前沿	北京市民需求什么(配大幅画面)	2610
2003年3月	北京广播电台	社区形象	录　播
2003年3月	北京广播电台	学雷锋与市民精神	录　播
2003年4月	中央电视台新闻综合组	北京市民需求调查	录　像
2003年4月	北京电视台新闻部首经组	市民需要与北京形象	录　像
2003年4月	中央电视台北京2008组	市民期望的北京形象	录　像

对“通向2008年的北京形象工程”课题的报道带有跟踪性质,报道仍在继续。我之所以向读者列出这一大串的报道清单,就是想用事实向读者证明,课题组的研究内容和方法不是学究气的,而是紧密贴近实际的;同时也可以看出来,城市形象研究在理论上和方法上有广泛的社会需求。城市形象的主体是城市建设、政府机关、社区、企事业单位和市民,无论哪一个主体的形象改善都对人民有益,都会促进

社会发展。

出版的这批成果，从理论到方法均具有创新性和实用性，为北京市政府和奥组委实现“新北京，新奥运”的战略目标提供了全新的思维模式和决策依据；为中国城市形象设计理论和设计方法的发展提供了全新的成果；为全国各城市的形象定位和形象设计提供了理论框架；为中国乡镇城市化发展提供了行为指南。

新的研究还在继续，有不当之处请读者批评指正。

北京市社会科学院副院长 **陆 奇**

2003年5月8日

目　录

第一章 城市形象细分导论

城市形象细分是在研究北京通向2008年的城市形象过程中采用的一种观察、分析和设计城市形象的新方法，它是以往研究城市形象的多种方法的综合，具有创新性和实用性。

第一节 城市形象细分研究过程

《城市形象细分》是北京市社会科学院与第29届国际奥林匹克运动会组委会共同设立的"通向2008年的北京形象工程"课题的成果之一。

一、城市形象细分研究的动因

2001年7月13日，全中国人民都屏住呼吸，等待国际奥委会主席萨马兰齐先生宣布第二轮投票结果。自第一次申办以两票之差败北，北京卧薪尝胆，终于获得了2008年奥运会的主办权，这是奥运会第一次在一个发展中国家举办，第一次在世界上人口最多的国家举办；这是中国五千年文明史上第一次在自己的国土上举办最大的国际盛会！北京提出来的目标是要举办一次历史上最好的奥运会，把2008年的奥运会形象定位为"绿色奥运，科技奥运，人文奥运"。概括起来就是"新北京，新奥运"，2008年北京旧貌变新颜，奥运会也不同凡响，标新立异。

申办成功后，奥申委改为奥组委，使命由申办2008年奥运会变为筹备2008年奥运会。总策划部和宣传部召开了有关专家参加的研讨会，研究奥运形象和北京形象。当时有不同观点，一种观点认为决定2008年奥运会形象的主要因素是奥运村的建设和服务，与北京城市形象建设关系不大；作为社会科学研究人员，我们是从更宽的视角来看待这个问题，我们认为奥运形象与北京形象是不可分割的。我们讲了两条理由：其一，北京城市是奥运村的外部环境，从外国运动员下飞机开始就接触了城市环境；比赛间隙，谁也不会自闭于奥运村，他们要参观城市景观和购物。奥运村展示了绿色、科技和人文色彩，而北京城市环境不是绿色的、科技的和人文的，绿色奥运、科技奥运和人文奥运形象定位就立不住。绿色奥运、科技奥运和人文奥运，要求北京是绿色北京、科技北京和人文北京。“新奥运”要有“新北京”来衬托，这样才符合系统原理，才符合人的认识规律。其二，申办奥运会并不是中国人民，特别是北京市民的根本目的。他们期望以奥运促发展，促改革，促北京城市变化，促自身生活质量的提升。如果单纯是一次国际盛会，对市民来说，并无多大意义。所以要以奥运促发展，以发展保奥运。打造北京城市形象就是与奥运关联最紧的，与市民利益关联最紧的促发展方式。

我们的观点得到了奥组委总策划部部长张坚同志和当时的奥组委宣传部部长张明同志的肯定和支持。他们主张深入研究 2008 年的北京形象和奥运会形象。在这种情况下，北京市社会科学院与奥组委宣传部联合设立了“通向 2008 年的北京形象工程”课题，社科院领导和奥组委领导给予了大力支持，院领导班子专门委派一名副院长亲自抓这个课题。

国内外专门研究城市形象的专著不多，近几年来中国的城市形象研究主要运用了企业形象设计的理论和方法。但是城市远比企业要复杂得多，企业与城市相比如同九牛一毛，仅仅用企业形象设计的理论与方法来研究城市形象远远不够。城市是一个巨型的庞大体系，各种要素千头万绪，各种要素既有独立性，又有相关性，不少因素处于动态之中，研究城市形象往往如堕烟海，不知从一堆乱麻中如何理出头绪。奥组委总策划部张坚部长要求首先提供一个研究北京城市形象的理论框架，开创一种审视城市形象的思维模式，不是回答北京城市形象的具体设计内容，而是回答应当从哪些方面去观察北京形象、设计北京形象和管理北京形象；不是拿出北京城市形象的设计方案，而是要拿出北京城市形象的设计方法。在目前阶段，方法重于方案，有了科学方法，才能制定出优秀的方案。

根据奥组委总策划部的要求，课题组向总策划部首先提交了一份研究报告《面向国际的北京总体形象策划模式》。报告前言开宗明义，指出“本报告并不是北京总体形象的策划方案，而是讲北京总体形象的策划方法，为奥组委策划北京总体形象提供一个基本思路、基本理论框架、基本设计模型”。在这个报告的基础上，我们又进行了深入研究，创造了城市形象研究的一种全新的方法——城市形象细分。为了尽快满足北京各部门打造城市形象的需要，我们首先以论文形式于 2003 年 1 月发表于《城市问题》杂志，该杂志是中文核心期刊，是中国市长协会推荐期刊。

尔后，以专著形式展开论证城市形象细分的方法，供奥组委和市政府及全国各城市塑造城市形象参考。

二、城市形象细分研究的内容

城市形象细分是以北京为典型代表，按不同标志，从多视角、多层面来解剖城市形象，为观察、设计与管理城市形象提供一种立体的理论框架和思维模型。

在理论上，主要从五个层面来细分城市形象。

其一，按城市主体形象细分。所谓主体形象，就是树立形象的实体，是城市形象的依附体。城市形象细分为三大主体，一是城市建设主体形象。建设主体形象又细分为空间主体形象、建筑主体形象、绿色主体形象、生态主体形象和设施主体形象。二是城市组织主体形象。组织主体形象又细分为政府主体形象，社区主体形象和产业主体形象。三是城市市民主体形象。市民主体形象又细分为本市人主体形象，常住外地人主体形象和流动人主体形象。

其二，按城市功能形象细分。功能形象细分为城市一般功能形象与城市核心功能形象，城市总体形象与城市区域形象，城市内涵形象与城市外延形象。

其三，按城市环境形象细分。环境形象细分为城市自然环境形象、城市人文环境形象和城市经济环境形象。

其四，按城市文脉形象细分。文脉形象细分为城市现代文化与古代文化形象，城市主流民族文化形象与少数民族文化形象，城市世俗文化形象与宗教文化形象，城市本土文化形象与域外文化形象。

其五，按城市识别形象细分。这是用传统的企业形象设计方法来划分城市形象，分为城市理念形象、城市行为形象和城市视觉形象。

城市是一个不可分割的整体，城市形象细分属于观念层面和思维方法的性质，目的是解决如何从混沌的整体中去把握特点和问题。细分的方法具有层次性，不是一层细分，而是层层细分，把一个完整的城市形象按主体、功能、环境、文脉、识别五类标志分成五种形象，而每一种形象又进行再细分，甚至再细分中又有细分。这样，细分中有更细的细分，从大细分到中细分、小细分、微细分。

城市形象细分方法，对于认识、评价、设计、建设和管理城市形象具有重大的实用价值。

其一，有利于从复杂中寻找简单。城市的结构十分复杂，是一个特大系统；北京作为中国首都，属于特大城市、属于国际化大都市，其结构就更加复杂。对一个复杂的国际化大都市进行形象设计和形象管理是十分困难的，会感到千头万绪，无从下手。但是，整体是由部分构成的，把整体分解成部分，并研究各部分之间的关系及每部分与整体之间的联系，就会找到简单的解。城市形象细分的一个重要功能就是帮助人们从复杂中寻找简单。尤其是按形象主体细分，可以有效地帮助人们抓住构成城市形象的基本实体，找出形象责任者。

例如规划和建设的主管部门搞好城市方方面面的硬件建设形象；政府机关抓好自身形象建设，同时协助社区搞好社区形象建设；市民严于律己，自尊、自爱、自强，树立良好的个人形象。这样，整个城市形象就会迅速发生实质性变化。

这种细分，把外部抓城市形象变为内部抓城市形象；把他人抓自己的形象，变为自己抓自己的形象；把盲目抓整体形象变为有效抓主体形象；把眉毛胡子一把抓，变为牵一发动全身；从而抓住了城市形象建设的根本，牵住了城市形象建设的牛鼻子。

其二，有利于从对立中探索统一。城市形象细分，多数是由对立的概念构成的，如城市自然形象与城市人文形象，城市现代形象与城市古代形象，主体民族建筑形象与少数民族建筑形象，中式建筑形象与西式建筑形象，城市文明形象与城市落后形象，城市内在形象与城市外在形象等等。把城市形象按一定的标志和需要细分为完全对立的形象，有利于从对立中把握统一，从对立面去探索问题的解，达到一举两得，事半功倍。

例如，争当文明市民，争创文明社区，争创文明窗口，争创文明地区，争创文明城市，从何处下手？从文明形象的对立面入手，从不文明的地方入手。建立文明形象的前提是摸清现实不文明的各种表现，并与文明形象的标准对比。

现实－标准＝问题

问题就是差距，就是落后形象与文明形象的差距，制定有效措施，逐步缩小差距，从而消灭问题，就达到了落后向文明的转化，实现了二者的统一。

文明形象的标准在空间和时间上都是变动的，有区内文明，国内文明和世界文明；有今天的文明和未来的文明。标准越高，落后的现象就显得越多，形象建设的任务就越重。从对立中细分形象会不断激励形象建设的劲头。

其三，有利于从平庸中凸现特色。城市形象设计和形象建设务求突出特色，任何形象，无论是企业形象还是城市形象都忌平庸。城市形象细分，有利于抓住某一方面的形象特色，加以拓展，使整个城市形象不同凡响。

城市不同，改善形象的任务不同，要求突出的特色不同，因此可以根据不同的要求来选择城市形象细分的标志，进行不同的分类，以突出城市形象特点，实现城市形象设计目标。对复杂的大城市可以选择多种标志，进行多层面的形象细分，以便从多视角综合设计城市形象。

北京形象特色可以通过形象细分从多方面凸现。例如，为了突出古都风貌，正确处理现代化建设与古代建设的关系，可按时代性细分；为了突出精神文明建设，防止一手软一手硬，可按表现性细分形象，等等。这种种细分，都有利于克服北京形象建设中的矛盾，防止走极端，减少一般化，正确处理各种矛盾关系，扬长避短，突出特色，兼顾其他形象。

其四，有利于深入探讨因果。一种细分形象状态不良，一定有其内在的原因。例如，自然形象和人文形象的缺失，就要深入探其究竟。北京自然形象主要是缺少一个“绿”字，尽管这些年绿色不断扩大，但是依然不足。城市楼房密度过大，楼层过高，到处是钢筋混凝土的“高山”、“峡谷”和桥梁。为此，一要防，二要变。防是防止钢筋混凝土的扩大，在旧城改造中必须多留绿化用地，拉大楼房间距，保证路边、河边的绿化带；变，就是对已是钢筋混凝土之地区进行改造，退楼还绿，种高大树木，实行立体绿化。北京人文形象主要是缺少一个“情”字。见死不救，时有发生。“无情”是由“无信”引起的，一是政府政策不到位，英雄流血又流泪的现象多次发生；二是被救的人不仁不义，救人的反而被诬陷成害人的。虽然这些是个别事例，其影响之大、之深、之广却不是一朝一夕能消除的。因此，解决一个“情”字，要从救人者、被救者和政府政策三个层面去处理。如是，对细分形象与目标的差异进行因果分析，就容易找到解决问题的方法。

其五，有利于深入剖析结构。任何一种细分形象，都有其内在的结构性，正是这种结构支撑着其外在的形象表现。因此，分析每一种细分形象的内在结构，就可以找到城市形象设计和形象管理的途径与方法。例如，按形象主体细分，城市形象分为建设形象、政府形象、社区形象、产业形象和市民形象。其中每一种细分形象均有其特定的内在结构。以社区形象为例，其形象目标结构包括安全性、民主性、优美性、便利性、互助性和亲情性等；目标结构由组织结构来保证，如安全性应由公安、保安、自保、互保、联保等组织体系及其运作来保证；手段结构，包括现代高科技手段和传统手段等。从形象细分入手，容易建立起稳定的形象保证体系。城市形象细分，并探索每一细分形象结构（包括主体结构、目标结构、组织结构、手段结构等），就容易把城市形象设计和形象管理做细、做深、做精。

其六，有利于深入分析层次。无论是研究城市细分形象的因果，还是结构，都要进行层次分析。纵向分析每一层原因，即大原因、中原因、小原因、毛原因，直分析到能采取措施为止；纵向分析每一层结构，即从“分子结构”到“原子结构”、“中子结构”、“质子结构”，直到容易调整和建立新的结构为止。这样重构的形象才能稳定。传统的、运动式的、临阵应付的工作方式和思维方式是无法从根本上改变城市形象的。他们头痛医头，脚痛医脚，顾此失彼；甚至抓一阵子，放一辈子，直到问题堆积如山，不管不行了，才重新再搞“运动”。种种的“突击检查”，“集中整治”都是如此。

城市形象细分的方法也有一定的缺陷，由于对同一个主体——城市，依据不同标准细分，不同的细分内容中必然存在着一定的交叉重复的部分。比如城市经济环境与城市经济功能，城市人文环境与文脉形象等，均有交叉现象，但是由于分类标志不同，对同一个问题观察视角不同，并不存在过度的重复感，正如我们观察一个人，同样是看他的脸，正面看一种形象，侧面看又一种形象，拍出照片来，人们不会感到两张照片是重复的。城市形象细分不是城市形象设计方案，而是观察城市形象、分析城市形象、设计城市形象的方法，因此城市形象细分出现的交叉现象，不会在形象设计方案中出现。正如摄像，在方法上我们要从不同视角拍摄同一个对象，获取了多张不同视角拍摄的照片，给我们的选择提供了条件，最后我们只能选择一张登报或作其他用，我们不可能把两张完全一样的照片同时刊用。所以不能把城市形象研究方法、分析方法、设计方法与最后的设计方案划等号。

三、城市形象细分方法的产生

城市形象细分方法的研究不是从外国的书本中抄来的，不是闭门思辨想出来的，而是从具体研究北京城市形象的实际问题，并亲自动手去设计城市某些方面的形象的实践中探索出来的，是实证研究的结果。

“通向 2008 年的北京形象工程”课题一起步，课题组与外部专家的观点就发生了冲突，他们认为研究城市形象不要分解，提出北京的总体形象定位就行了。我们认为，北京的总体形象不需要我们提，市政府和奥组委已经为北京总体形象进行了定位，这就是“新北京”。具体讲就是“绿色北京，科技北京，人文北京”。

课题组的任务是研究如何实现这个目标。按传统的企业形象设计方法，只要提出北京城市精神，北京市民行为规范和设计出北京的城市标志、标准字和标准色就行了。实际上城市形象设计远没有这么简单。从实用上讲，即使课题组设计出北京精神、市民行为和北京标志也没有多大用处，因为这三项任务的实施是一个复杂的全民工程，要经过市政府牵头，组织全体市民反复讨论，甚至经过投票才能最后决定。课题组的主观方案可能是劳民伤财，走了形式，没有效果。企业形象设计中的这种教训并不少见，何况城市。为了使全市人人都能从自身做起，从现在做起，从能做的事做起打造城市形象，必须提供一种全新的方法。

我们首先解决了形象研究和形象设计的基本问题。不管是城市形象、企业形象还是个人形象，一切形象研究和形象设计都有共性，都要回答和解决四个基本问题。

第一，形象的主体是谁？也就是谁来树立形象，或者说设计谁的形象，形象附着体是什么。经过调查研究，我们确立了城市形象的三种主体，即城市建设、城市组织（政府、社区、窗口单位）和市民。城市形象就是由这三种主体形象构成的。这样分类，使城市形象主体一览无余，不会漏掉任何一个“成员”。不仅主体齐全，而且责任明确，谁的形象谁负责。政府机关形象由政府机关负责；城市社区形象由社区负责；窗口单位形象由企事业单位负责；市民形象由每一位市民负责；城市建设形象包括生态、绿化、交通、建筑、设施、布局等，这些形象均可以找到责任部门。这种形象细分也有缺点，这就是产生形象主体交叉现象。例如市民与社区居民和公务员可能属于一人多种角色；窗口单位形象也构成了其所在社区形象的一部分。但是，由于三种主体的实体性较强，因此交叉性只能从另一个角度强化其形象，而不能替代其自己作为独立实体的特定形象。

第二，形象客体是谁？也就是谁来看主体的形象，或者说主体树立形象给谁看。我们把北京城市形象的客体也分为三种，即本市人、外地人和外国人。北京人具有二重性，既是城市形象主体，又是城市形象客体。

第三，客体期望主体具有什么样的形象？形象是一种需求，是客体对主体在精神上和物质上的需求，主体树立形象不能按主观意愿，必须知己知彼，知道客体期望什么，知道自己目前的形象与客体需求的差距，按客体需求填平补齐，甚至打造出超越需求的锦上添花形象。为此，在研究 2008 年的北京形象改进方向的过程中，我们对北京市民、对试点社区居民、对政府公务员进行了三次大规模的问卷调查，了解他们对北京的城市布局、建筑造型、交通、绿化、生态、医疗、卫生、文体、安全、住房、购物、教育、就业、政府行为、居民行为、企业行为、古都风貌等多方面的看法和期望。这样，对北京每个形象主体的形象改进就有了明确的方向。

第四，主体用哪些要素才能树立起客体期望的形象？客体喜欢红嘴唇，主体就要打造红嘴唇，但是主体一定要有口红这种要素；没有口红，塑造红嘴唇就是纸上谈兵。

在研究客体期望与主体现状的过程中，在研究消除现状与期望差距的措施过程中，为了对问题和措施分析得更透，需要专题研究。如何设立专题？设立什么专题？这个问题摆在我们的面前。我们通过城市形象细分有效地解决了这个问题。

市民反映有些地区太乱，工厂、学校、住宅、公司犬牙交错；城市交通怎么发展，堵车现象也未见缓解。经过分析，我们认为这是城市区域功能布局问题，北京许多问题的根源均来自功能布局不合理。这样，我们从城市功能角度来研究北京形象。细分城市功能形象有利于从城市的空间上、整体上、战略上来打造城市形象，满足客体对各种功能的需要。城市功能形象也就是客体对城市功能优劣的感受和印象。广义的功能形象应包括城市功能、政府功能、社区功能、产业功能和市民职责给客体留下的印象。狭义的功能形象是城市建设形象的一种表现。这种表现反映在城市建设主体上，而责任在于政府形象主体。

市民对北京一些住宅区的卫生、绿化及居民文明行为不满意，对北京传统工业不景气，就业难有看法。北京市政府近两年在着力综合治理城市环境，目的是为市民创造更加人性化的生活环境，为企业创造更加宽松的创业环境。调查中发现，在市民眼中，城市形象就是城市环境，二者是划等号的。这样，我们对北京环境进行了专项研究。同城市功能形象一样，城市环境形象也是从城市整体入手加以细分研究的。自然环境、人文环境和经济环境的形象承担主体依然离不开城市建设、城市组织和城市市民，当然对每种环境不同主体承担的分量不同。城市形象按环境形象细分，有利于从总体上突出城市的某种特色。

城市是人类一代一代建设和创新的结果，是人类一代一代文化和财富积淀的结果。北京是中国文化资源最丰富的城市。为了突出北京的文化形象，我们设立了城市文脉形象专题，对城市文化发展脉络进行细分。这种细分方法，有利于研究现代形象与古代形象的有机结合以及协调共存的方式方法。现代建筑加上大屋顶琉璃瓦，就赋有了古代色彩，实现古今合璧；古代建筑群与现代建筑保持协调之美，特别是那些需要拆改的古代建筑或区域，如何在更替中保持传统形象，也是这种分类需要研究的内容。在北京现代化建设中如何保护古都风貌，实际上是如何保护古代形象。北京自古至今有主体民族建筑形象、少数民族建筑形象、宗教庙堂建筑形象和西方民族建筑形象。北京是由这四种建筑形象构成的，体现了北京文化的包容性。北京的清真寺体现了回族特点；天主教堂、基督教堂及外国洋楼体现了西方文化特点；一些现代建筑也部分采用，甚至完全采用少数民族或西方的建筑风格。如西藏大厦、伊斯兰大厦、新疆驻京办事处及罗马花园等等。这些建筑有利于增加城市的民族色彩、宗教色彩和异域色彩，增强国家的凝聚力和各民族的亲和力以及对世界大家庭的包容性。

企业形象设计方法在北京形象研究中是必用的传统方法，我们从城市形象识别性，也就是特色性角度运用这种方法。城市形象分为内在形象与外在形象。内在形象就是一个城市长期以来形成的特性，包括城市的性格、习惯、风格、道德、价值观和精神。性格上如北方人豪放，南方人细腻；北京人大度，上海人精明等等。内在形象看不见、摸不着，但是却能感觉得到，它是一种城市理念，一种城市文化，渗透在方方面面，特别是体现在市民的一言一行之中。外在形象是指城市的行为和视觉，即人们看得见，摸得着的那些东西。包括市民的行为，政府机关和窗口单位的行为及社区的生活、城市的建设等等。城市精神体现在城市行为和各种物质形态之中。从建筑物的质量、造型、色彩、所处的地理位置，能感知出城市的理念和性格。这种形象细分方法，有利于从精神和物质两个方面来塑造城市形象，坚持物质与精神的有机统一，坚持两个文明一起抓，两手全要硬。城市物质因素失去精神因素，就没有灵魂；城市精神因素脱离物质因素，就没有依托，成为令人难以琢磨的东西。精神要物质化，物质要精神化，这样才能创造出“万物有灵”的城市形象。

通过实践，我们总结出了研究城市形象的细分方法，使我们易于立体地多侧面地进行北京城市形象的设计，从混沌中找到了清晰。

第二节　城市形象细分的理论比较

城市形象细分作为城市形象研究的一种方法，我们不敢说它是最好的，但却可以说它是最新的；我们不敢说它是前沿的，却可以说它是创新的；我们不敢说它是专业的，却可以说它是独特的。

一、城市建设形象理论的发展

城市形象概念的提出迟于城市形象创造实践的产生。早期的城市形象称之为城市艺术。卡米罗·西特于1889年出版了专著《城市艺术》一书，他反对城市设计与艺术相分离，认为“城镇建设除了技术问题，还有艺术问题”。倡导城镇建设要坚持“视觉有序”原则。他的观点对后来的城市设计起到了重要的指导作用。

现代城市形象研究有影响的专家之一是勒·柯布西耶，在1933年出版的《阳光城》一书中，他提出了一些重要原则，包括城市功能分区，降低建筑物占地比例，扩大公园、广场、绿地的占地比重，地上、地下、空架三层立体交通等。这些规划思想为后人广泛运用。

在城市设计理论上，首次提出城市形象概念的是美国麻省理工学院建筑学院的教授凯文·林奇，1960年他出版了《城市意象》名著。他对城市形象的研究方法不是从理论出发，而是从市民的感觉出发。他通过了解普通市民对波士顿、泽西城和洛杉矶三座城市的视觉感受，归纳抽象出城市意象的五大要素，即道路、边界、区域、节点和标志物，并论述了五大要素之间的关系。凯文·林奇的理论对城市建设和古建筑保护产生了深远的影响。

20世纪80年代，城市生态引起了高度重视。荷夫在《城市形态和自然过程》一书中，提出城市设计仅仅塑造人工美是不够的，而应当创造人及人赖以生存的社会和自然和谐统一，打造一种舒适的多样化的空间。

城市建设形象理论的发展体现了四个特点：

一是研究者是规划设计和工程技术专业的专家、学者，没有社会科学专家和学者；二是研究的对象集中于城市建设主体形象，未涉及城市组织主体形象和市民主体形象；三是研究的城市形象要素基本是硬件项目，未涉及软件要素；四是研究的方法带有实证特点，这与社会科学工作者的研究方法有共同之处，尤其是著名的《城市意象》研究成果，完全是公众感觉的抽象。

从规划技术角度研究城市建设主体形象的局限性，必然导致社会科学进入城市形象研究领域，以弥补前者的不足。城市形象设计是一项跨学科的综合性研究课题，属于新兴的边缘学科。起主力作用的是美学、生态学、规划学和技术学，但是绝对少不了社会科学，因为城市形象的三大主体，有两大主体都属于人文研究对象。有一些工程学和美学专家反对这种看法，认为社会科学研究的形象要素太虚，对于城市形象无关紧要。这是完全错误的。一个充满凶杀，充满失业，充满冷漠的城市，布局再好，建设再美，也没有人愿意久留。难道只有"蓝天白云"和"花鸟绿地"才是形象吗？所以社会科学进入城市形象设计领域已经成为历史的必然。

二、城市识别形象理论的发展

近几年，社会科学研究城市形象虽然也涉及了城市建设主体形象，但是基本上是集中在城市的组织主体形象，也包括个体形象。所运用的基本方法就是借用企业形象设计的理论框架。

早期企业形象识别是美学研究对象，主要目的是通过标志图案和色彩把本企业特色与其他企业区别开来。1914年德国的AEG电器公司首先使用了这种识别设计系统，包装、广告、海报、信签、橱窗等全部统一了标识和色彩。1930年美国雷蒙特·罗维和保罗·兰德等著名设计专家提出了CIS概念，即企业形象识别系统，所谓识别系统就是通过一系列的相关要素保持企业内部的统一性和与其他企业之间独具特色的鲜明的差别性。20世纪60年代，日本引入并发展了CIS理论和方法，日本人认为单纯的视觉识别不足以反映企业的本质，CIS应当有理念识别、行为识别和视觉识别三个系统。中国的台湾首先从日本引入CIS；20世纪80年代，广东太阳神集团率先设计了企业 CIS 系统，尔后逐步在全国扩展开来。

企业 CIS 理论在日本东京和韩国引入了城市形象设计；到了 20 世纪 90 年代我国学者学习西方，把企业形象设计理论和方法也开始运用于城市形象设计。广东省花都市、深圳市、香港、大连、青岛等十几个城市先后都部分或全面开展了城市形象设计，显著增加了"城市价值"，为经营城市和管理城市创造了无形资产，增强了市民的自豪感和凝聚力。

运用 CIS 理论和方法进行城市形象设计有其优点，即有效地打造了城市的组织形象。由于城市形象设计没有由美学、规划学、管理学、广告学、生态学、社会学等多学科专家队伍协同进行，而是由广告专业人员单打独斗，因此他们实际上是把城市当成一个组织，当成一个集团公司来套用企业形象设计理论与方法，设计出来的理念、行为和视觉识别系统与企业 CIS 几乎没有多大差别，没有充分体现城市与企业的本质区别。所以严格来讲，企业 CIS 运用于城市，不能说是城市形象设计，只能说是"城市组织"形象设计。这是广告人员专业局限性的必然结果。

如同工程技术专业人员设计城市形象不应当排斥社会科学专业人员一样，社会科学专业人员设计城市形象，也不能排斥工程技术人员，只有多学科的人员相结合，从城市建设主体、组织(政府、社区、窗口单位)主体、市民主体，从城市的全部形象主体出发，从规划布局、生态卫生、建筑造型、城市交通、城市理念、城市行为、城市视觉、城市文脉、城市功能等多层面、多要素、整体地、系统地塑造城市每一种主体的形象，才能最终科学地有效地实现城市形象目标。

三、城市形象细分理论的整合性

根据城市建设形象研究的四个特点，可以把这种理论称为城市"建设形象理论"，与其对应的是城市"识别形象理论"。前者的研究对象是城市硬件形象，核心是空间形象；后者的研究对象是城市软件形象，核心是组织形象。后者是把城市当作一种特殊的组织来对待，与城市形象细分理论讲的城市组织是不一样的，城市形象细分理论讲的"城市组织主体形象"，那是实实在在的组织，包括政府、社区和产业。而城市识别形象理论是把城市本身看作一个虚拟的组织，也许广告专家并未意识到，也不承认，但是当他们把企业形象设计理论应用于城市时，当人们审视他们的设计方案时，不难清楚地看出，城市识别形象理论的这种特点。

城市形象细分理论把城市建设形象理论与城市识别形象理论有机地结合在一起，力求避免城市形象设计中的片面性。城市形象细分理论与前两种理论相比具有几个特点：

其一，城市形象主体具有完整性。城市形象细分研究的对象是城市的全部形象主体，既包括城市建设形象，又包括城市组织形象和市民个体形象；在运用企业 CIS 理论时，并未把城市当作一种组织对待，特别在视觉识别形象要素上，充分体现了城市特征。城市形象理论的研究对象具有完整性，方法上具有全面性和可行性，结果才能减少城市形象的缺失性，扩大城市形象的完美性。

其二，城市形象目标具有多元性。城市形象细分所追求的城市形象目标不是单一的、平面的、传统的，而是多重的、立体的、现代的和未来的。它不仅要实现城市建设形象目标，而且要实现政府机关、社区、产业和市民个人的形象目标；它不仅要实现城市的功能形象目标，而且要实现城市环境、文脉、识别等形象目标；它不仅要实现城市人文形象目标，而且要实现城市自然形象目标；它不仅要实现城市的精神形象目标，而且要实现城市的行为和视觉形象目标。

其三，城市形象要素具有多样化。城市建设形象理论的代表凯文·林奇提出城市形象五要素，即道路、边界、区域、节点和标志；城市识别形象理论对城市形象要素只是在企业形象设计要素上增减和套用而已，如城市发展战略、价值观、城市精神、口号、行为准则、标志、标牌等。城市形象细分集中了两种理论所开列的全部形象要素，同时还有大幅度拓展。在形象要素的分析上，没有甲乙丙丁开中药方，没有八股气，没有"求全无用"。比如，城市行为，国家有一系列的完整规定，如公务员有"守则"，市民有"道德规范"，居民有"公约"，所以我们用不着再开列行为要素条款。中国的城市，不是有没有行为规范，而是言而有信没有。从政府机关到市民或多或少全存在着言而无信，说了不做的现象，因此在城市行为要素上，城市形象细分重点剖析一个"信"字。所以城市形象细分不仅提出了多样性的形象要素，而且击中时弊，深入剖析"关键要素"，从而更具实用性与可行性。

其四，城市形象塑造方法具有实用性。城市形象细分不仅提供了一种全面认识城市形象的方法，而且提出了一套全面塑造城市形象的方法。这些方法不仅具有科学性而且切合中国实际，切合北京实际，具有较强的可行性。比如打造区域功能形象的方法、创造绿色环境的方法、保护城市文脉的方法、减小视觉形象落差的方法等等，都是从实际中来，到实际中去的，具有较强的实用性。

其五，城市形象细分理论具有综合性。城市形象细分在理论上具有综合性，涉及了规划学、生态学、美学、史学、管理学、CIS 理论等多学科知识。它不是拼凑的杂烩，而是有机的体系。城市形象理论的发展就是由独立学科走向综合学科。凯文·林奇曾预言过这种发展趋势。在《城市形态》一书中说：研究城市有三个理论分支，一个是"规划理论"，一个是"功能理论"，"第三个分支，是一支发展得比较薄弱、需要我们关注的理论，但它却起着非常重要的作用，我称它作'一般理论'，用于处理人的价值观与居住形态之间的一般性关联，换句话说，当你看到一个城市时，如何认定它是一个好的城市。这才是我们真正关注的问题"。这"一般理论"，我们可以把它理解为城市形象理论。城市形象理论不是孤立的，它与城市建设的其他理论存在着不可分割的联系。正是在这一点上，城市形象设计单纯运用 CIS 理论表现了极大的局限性。凯文·林奇认为"规划理论"、"功能理论"和"一般理论"是同一棵树上的分支，而不是长在不同树上的东西，"不应该相互分歧"。"在很多地方它们应该有内在的关联，并且相互支撑。一个综合的城市理论应该是一棵树干上的树枝编成的席，将来有一天，这些分支应该不再以单独的形式存在。当我们不得不使用其中最薄弱的一个分支的时候，必须了解其他两个分支，并寻找适当的位置引入其他两个理论分支的内容。”城市形象细分在理论上就是试图把多种城市建设理论和形象理论综合在一起，尽管会有这样那样的缺陷，但是毕竟是迈出试探的一步。

第二章 城市主体形象细分

城市形象设计、建设与管理首先要回答四个基本问题，即哪些主体树立形象？这些主体树立形象给哪些客体看？客体爱看主体的什么形象？主体用什么要素打造客体爱看的形象？

这里讲的主客体不是哲学概念，而是形象概念。主体是城市形象要素的依附实体，包括城市建设、城市组织（政府、社区、产业）和市民；而客体是城市形象的观赏和评判者。

第一节 城市形象客体

城市形象主体树立形象给客体看。客体分为本市人、外地人和外国人，三类客体评价城市形象的立场、视角和方法有共性，也有个性。知晓客体需求才便于打造城市形象。

一、北京人形象客体

以北京为例，北京的城市形象客体首先是北京人。北京人最了解北京形象，北京形象首先是为北京人服务的。

1．本市人的二重性

本市人具有二重性，他们既是城市形象的主体，又是城市形象的客体。北京人自己的形象是北京城市形象的重要组成部分。冬天的早晨在人行道上处处可见令人作呕的痰迹，有的鲜活，有的冻成黄白二色的冰块。这不是建筑形象，也不是组织形象，而是北京人的形象。有谁能否认北京人的形象不是城市形象的组成部分呢？只把建筑和绿化看作北京形象，认为城市形象不包括市民行为是片面的。随地吐痰的北京人，属于形象主体，因为是他们创造了"遍地痰迹的景观"。作为这一景观的观察者和感受者的北京人，又是城市形象的客体。他们的视觉和心理不舒服，有人甚至如履薄冰，生怕踩上痰迹。"自己制造，自己难受"。

由于北京人或者说本市人的角色和地位的二重性，决定了他们是城市形象的创造者、享受者、评议者和监督者的多种身份。

2. 城市形象的主要享受者

所有的市民都期望城市有一个良好的形象，良好的城市形象是一笔巨大的社会财富，会带来丰厚的经济效益和社会效益。政府的职能不是管理企业，而是创造投资环境和市民优质的生活环境，实质就是打造城市形象。城市形象好，投资就多，经营就顺，经济就发达，就业就充分，市民生活就会不断提高；城市形象好，环境就美，污染就少，邻里就和，心情就好，市民身心健康就会不断提升。北京人之所以那么强烈地支持申办2008年奥运会，就是因为奥运会准备期间会从多方面改善北京的城市形象，为市民创造更好的生活和工作空间，利益诉求是市民支持奥运的深层动因。

3. 城市形象的主要评议者

北京形象好坏，首席评议者就是北京人。正如企业CI策划一样，方案首先要由本企业职工通过，而不由外部客户决定。市民评议城市形象往往从身边的、切身经历的、与己利益有关的事情说起。市民评议城市形象的代言人有时由人大代表来充当，有的则通过互联网、电视和信访等渠道与市政府有关部门沟通，以便引起重视和解决。北京市政府每年向人大和市民承诺办好的若干实事，多数是关系北京形象的项目。社区内部有关形象问题，更是市民议论和民主协商解决的重要课题。

4. 城市形象的主要监督者

北京建设形象、政府机关形象、社区形象、产业窗口形象及市民形象的第一监督者就是北京人。他们与这些形象主体接触频率快、次数多、时间久，因此最容易从自我感受出发，找出毛病，他们拥有城市主流地位，容易引起被监督者的重视。从政府到社区和窗口单位，得罪城市主流公众风险最大，市民用脚投票就会使一些事情难以为继，比如冷落卖假冒伪劣品的商店，足以使之倒闭。

本市人作为城市形象客体也有其弱点，有当事者迷和熟视无睹的现象。长期在一种环境里会变得麻木，敏感性降低，在这一点上，没有外地人，特别是大城市来的人和外国人对北京城市形象的认识更敏感、更容易发现问题。

二、外地人形象客体

外地人作为城市形象的客体，具有自己的认知方式和能力。

1. 富有敏感性与放大性

外地人对北京形象看的不一定有北京人深，但是却比北京人敏感，因为他们心目中有一个"老家的根"作参照，北京形象与"老家根"的形象，如天津、上海、南京或广州的形象差异、优劣一眼能知。敏感性是优点，也会产生误会，把偶然当成必然，把现象当成本质，把个别当成一般。这种认知特点，应启发形象主体不可忽略个别的偶然的形象问题。无论是良好的还是不好的形象，在外地人形象客体眼中均有放大效应。比如，一个外地人乘北京出租车，将钱包忘在车上了，司机委托有关部门找到并将钱包转交给他。他会放大成北京所有出租汽车司机都拾金不昧，都有较高的精神境界。相反，一个出租汽车司机把钱包藏起来了，他会对整个出租汽车司机，甚至整个北京社会文明状况都打上问号。这是外地人认知城市形象的规律性特点。

2. 富有共享性与扩散性

良好的城市形象对本市人和外地人都是一种享受，外地人无论短住，还是长留，都会得到多方面的享受。相反，不良的城市形象总是催人尽快离开此地。外地人同北京人一样，既是北京形象的创造者，又是北京形象的享受者、评议者和监督者。但是与北京人也有区别，北京形象对过路的外地人利益关联度没有比北京人更深 、更久；外地人对北京形象监督力度没有北京人更强；外地人评议北京形象的渠道没有北京人更方便、更从容。

但是外地人对北京形象的传播远远超过北京人。像家丑一样，“好事无人知，坏事传千里。”城市形象的口头传播具有这种特点和张力。外地人从四面八方汇集到北京，再从这个点分散到全国的面，茶余饭后，北京形象就成了谈话内容，一传十，十传百，以几何级数往上翻；加上互联网的作用，跨越时空，“家丑”不是传千里，而是瞬间传万里。所以城市形象在外地客体面前具有扩散性。

3. 富有趋同性和旁观性

任何经济发达的大城市都是由本市居民与外地常住人口两部分构成的市民群体。北京不仅是北京人的城市，也是全中国的首都，常住外地人口达数百万之多。生活基地已经落入北京的外地人，尽管全家户口没有一个在北京，但是实质上已经没有归路，家中房子卖了，土地没了，只有三个与实际情况不符的户口本。他们在北京购了住房，有了工作或做着生意。他们基本上同北京人一样，也具有二重性，既是北京形象的主体，又是北京形象的客体。他们的言行直接影响北京形象，因此对北京形象负有重大责任，必须树立北京市民形象意识。这是与北京人趋同的一面；但是另一面，由于他们缺乏安全感和归属感，在政策上并未把他们列为北京人，因此在城市形象建设中，他们始终处于旁观者状态，始终作为城市形象客体存在，无论政府、市民还是他们自己都没有把常住的外地人作为城市形象主体。这种状况，从新世纪开始逐渐发生了变化，常住外地人享受市民待遇的政策逐渐增多，对他们的管理也逐渐强化。这些变化会逐步改变他们旁观者的角色，主动为北京形象的建设做出自身的贡献。

三、外国人形象客体

北京的外国人越来越多，在亚洲其他国家的城市见不到这么多的外国人，这是中国改革开放和北京高速发展的结果。外国人作为城市形象的客体——观察者，与中国人有共性，也有特殊性。

1. 观察习惯异同

北京的外国人有使领馆、商务、学生和侨民等常住人员，也有旅游者。2008 年举行第 29 届奥林匹克运动会期间，北京将进来 2 万多各国运动员、教练员、官员、记者和观光者。

外国人作为城市形象客体，与中国人一样承担着利益享受者、形象评议者和监督者的角色。他们同外地人相比，对城市形象优劣的敏感度更高，因为他们的视野和活动范围远远超越了中国，遍及世界各地，会用各国各个城市的优缺点与北京相比。这并没有什么目的性，而是一种自觉的行为。他们更容易看出北京城市形象的优劣所在。他们的传播功能比外地人更大更广。他们来自世界各地，会把对北京形象的评价和认知传到世界各地，好也传，歹也传。由于是“亲历”，因此传播影响力较大。他们不会区分北京人和外地人，常住人和流动人，全部当成北京人看待，当成北京市民整体形象看待。在他们眼中，只有中国人。正如外国人群构成了北京开放形象的一道风景线，在外国人眼中流动的外地人也是北京形象的组成部分。

外国人认知城市形象具有以点代面的特征。他们习惯把北京人形象看成中国人形象，把北京形象看成中国形象。特别是首次来北京，对中国各地了解不深的外国人更是如此。这与外地人首次来北京，以个别印象推及整体十分相似。

2. 审美尺度异同

外国人与中国人对城市形象有共同的审美尺度，也有不同的审美尺度。生活常识告诉我们，西方人公认的影视美女，东方人也认为是美的。但是东方人认为并不美的女人，西方人却认为是美丽的。可见，在审美尺度上，东西方人有共性也有差异性。对城市审美，也具有同种性质。

城市形象的三大主体，城市建设、城市组织和城市市民，东西方、中外有共同审美观，也有不同审美观。北京作为国际化大都市不仅要考虑东方人、中国人的审美尺度，也要考虑西方人、各国人的审美尺度。城市形象是给人看的，知己知彼，才能更有针对性地设计和建设城市形象。例如在建筑造型上，可以中西合璧，既有中国传统建筑艺术，又有西方现代建筑艺术。

3. 价值标准异同

中国和外国有共同的价值观，如城市建设的绿色形象和生态形象，政府机关的效率形象，社区的人性化形象，市民“己所不欲，勿施于人”的他人意识，都是人类共同的价值取向。

但是，由于民族不同，文化不同，国家制度不同，政治、经济、文化的发展水平不同，价值标准也有差别。对同一主体、同一形象，可能有两种完全不同的看法。例如，韩国釜山市政府没有围墙，也没设门岗，完全是一种“开放形象”。而北京市政府的大门由武警把守，区政府大门有保安把守，只有街道办事处是开放的。在外国人看来，政府机关形象就有问题。作为人民当家作主的国家，城市政府机关与人民之间的隔离森严壁垒是矛盾的，但是中国国情复杂，正在发展过程之中，不可能在短期开放市政府门户。市政府的形象好坏不在于要不要门岗，而在于是否不断提高市民生活水平，保证人民安居乐业。显然，双方的价值观是有差别的。所以外国人作为中国城市形象的重要评价客体，有不同看法是正常的，许多不同看法也是对的，只是脱离了中国实际。事物发展需要一个过程，要设身处地地站在这个城市现有发展水平上评价其形象。

四、城市形象设计依据

城市形象主体打造形象有三种依据。基本依据是形象客体的现实期望，参照依据是世界现代城市形象的典范，理性依据是未来城市发展的战略目标。

1. 城市形象设计的基本依据

城市形象设计的宗旨是让市民满意，为市民服务。市民是城市的建设者和生活者，是政府权力更换的选择者。市民既可选你当市长，也可以选他当市长；市民是社区的主人，是产业窗口单位的顾客。市民这种地位和权力决定了城市形象设计、建设和管理必须以民为本。

以民为本就是要根据市民的需要来设计城市形象，为此就要了解市民的需要。市民需要决定市民思想，市民思想决定市民行为。了解市民需要的基本方法就是社会调查，即了解他们满意什么，不满意什么。满意的巩固，不满意的要通过城市建设和发展来解决。

市民调查方式有两种，一是分类座谈，召开不同类型人员座谈会；一种是问卷调查。

座谈和调查的内容包括市民家庭的衣、食、住、行、医、学、玩及收入等，每一项都要根据实际需要的信息全面展开，把问题立体解剖。比如玩就要有多种内容：休闲时间、文体活动、旅游等。每一项又可横向和纵向细分。如文艺活动横向分为看电视，看电影，看戏剧，参加社区文艺队，自己业余唱歌、书画等等，纵向分为玩所用的时间、次数、条件等等。

城市形象的不同主体，根据自己的不同目的，均可以开展市民调查。有全面调查，有专项调查，各种规模、各种方式、各种类型、各种内容的城市形象调查，为城市形象主体改进形象提供了决策依据。

2. 城市形象设计的参照依据

中国是一个发展中国家，城市化水平较低，农民占的比重较大。中国现代化的重要标志就是村镇城市化，减少农民人口比重，增加农民人均占有的土地，提高农业劳动生产率，把大量农村人口转移到加工工业上来，使中国成为真正的世界加工厂。

中国城市化程度与发达国家相比差距很大，这是弱势，也有优势。发达国家在城市化进程中走了漫长的弯路，其中最典型的表现就是环境污染，城市越来越“不是人住的地方”，富人居住郊区化，市中心住着穷人，与中国完全相反。当然这并不代表中国先进，也是中国落后的一种表现，因为中国城市郊区的市政、交通、商业、医疗卫生、安全设施极其落后，生活十分不便。中国城市化水平的劣势也可以转化为优势，这就是借鉴发达国家城市化过程中的经验教训，扬其所长，避其所短，减少先污染后治理，甚至难治理的教训。实现后发先至，后来者居上，减少城市化过程中人为破坏生态的成本，少花钱，多办事，起步就打造自然城市形象、生态城市形象、绿色城市形象。

为此，就要调查了解发达国家城市发展过程及同类城市发展的典型经验，根据中国的国情加以借鉴应用。把发达国家城市现代化的优良形象作为参照依据，打造自己城市形象，同时避开他们经历的弯路。

3. 城市形象设计的理性依据

城市形象设计是以市民需求为基础，以发达国家的经验教训为参考，由专家进行方案决策，由政府拍板实施的系统工程。专家意见、建议与决策方案的正确性为城市形象设计史所证明，城市形象设计必须充分尊重专家意见，消灭权力意志（不是减少权力意志，而是消灭）。权力意志为北京形象设计会带来无法挽回的严重后果，不仅损失于当代，而且殃及于子孙。比如未在旧城外再建一个“新北京”，把旧城完整地保护起来，作为巨大的旅游资源和文化资源就是一个无可挽回的历史性错误，而这一切完全出于权力意志，无视专家建议的结果。多年来北京的城市形象设计依然继续存在着不少长官意志。

进入新世纪，北京的规划、设计开始越来越注重专家意见了，北京城市一天比一天美丽。值得欣喜的是，北京城市形象设计不仅重视国内专家意见，也专门向国际专家招标设计方案，加速了与国际水准接轨，减少了失误的损失。城市重点项目和地区的规划与建设应有多种方案，反复比较论证，不仅有规划专家，而且应有各类专家参与评价，包括市民都要参与进来。北京市规划委员会统一管理各区、县规划机构，实行业务垂直领导，压缩区、县政府长官在规划上的决策权，取消中央机关设计建筑的自主权，这一改革是十分必要的。从一定意义上说，城市规划没有局部，局部就是整体。二环路以内是北京的一个局部，即原来的旧城，但是由于这个局部的失误，影响到整个北京，而且许多问题永远也“无解”。所以规划权必须集中统一，而且由专家决策，不能由长官决策。长官只有拍板权，没有方案最终决策权，在这一点上必须毫不含糊。有些长官为了政绩乱决策，对未来不负责任的事情多有发生。这是体制弊端造成的，体制不可能短期改变，制衡这种弊端的方法就是专家决策。

第二节　城市建设形象主体

城市建设形象主体细分为六类，即空间形象主体、建筑形象主体、绿色形象主体、生态形象主体和设施形象主体。根据城市形象客体的需求进行每种主体的形象定位，并研究用哪些要素来塑造定位的形象。

一、空间形象主体、定位与要素

城市空间形象又叫城市布局形象，它是指城市的各种硬件设施及其功能在空间上的布置方式，即排列组合形式给人的印象和感受。

1．城市空间形象主体

城市空间与城市空间形象有联系也有区别。城市空间是城市空间形象设计的对象，是城市空间形象的主体；城市空间形象是城市空间形象设计的结果。空间形象设计的基本手段就是规划与布局。

城市空间形象是一个动态演变过程。城市、城市中的若干区域、每个区域的各种建筑设施及其功能往往经历了一个或长或短的发展过程，因此大到城市的总体空间形象、区域空间形象，小到一个园区、一个厂区的空间形象都在或大或小，或快或慢地发生着变化。这种变化处理好了，是进步、是美化；处理不好也可能是退步、是丑化。这种实例在国内外数不胜数。

城市空间形象设计关系城市整体形象。空间形象设计关系到建筑疏密、交通快慢、生活难易、环保好坏、余地大小等多层面的形象。钢筋混凝土一旦扎根地下，耸入高空，连接成片，想改变不仅难度大，而且经济损失是惊人的。因此对城市性质定位、总体规划、区域规划和未来发展的战略预测不容失误。

2．城市空间形象定位

城市空间形象定位于特色性、有序性、层次性和合理性。不仅城市总体空间，而且区域空间、街道空间、社区空间和小区空间形象都要符合这种定位标准。

空间布置要有特色。城市总是划分为若干行政区、县，每个区、县应当特色形象突出，这样整个城市才有品位。北京分为东城、西城、崇文、宣武、朝阳、海淀、丰台、石景山、门头沟、昌平、顺义、通州、怀柔、平谷、密云、房山、大兴、延庆 18 个区县。教育和高科技就是海淀区的特色形象。每个区县的特色不能太多，太杂，形象牌只能打一两张，多了就没有特色，就树不起品牌。

区内每一个空间的功能和设施安排要有序。居住区、文化区、商务区、生产区界限分明。不能把不同功能、不同设施混杂在一起。北京旧城不少地段有功能混杂现象，在工厂外迁，旧城改造的过程中必须防止重蹈覆辙。空间布置有序性对一个细节也至关重要。和平里有一个小区，把居民户外运动器械安排在一栋居民楼的窗前，离一楼住户相隔不足 5 米，从此一层住户再也没有宁日，矛盾越闹越大。生产车间，把成品库安排在入口，这是人为地浪费人力和费用。

空间布置要有层次。北京西山有个别墅区，虽然远离首钢，风景秀丽，但是建在下风方向，空气总是雾蒙蒙的。北京的化工厂搬迁，居住区必须建在化工区的上风方位。建筑物的空间布置也要层次分明，精品楼与普通楼，旧楼与新楼，高楼与矮楼，居民楼与商业楼，冷色楼与暖色楼，不分层次地摆在街面上就不美观、不协调。

空间形象布置要合理。城市空间建筑项目布置无序性和无层次往往导致不科学、不合理，造成不同功能、不同用途的地区和设施之间的相互制约、相互干扰。同时，还会造成土地的浪费和设施利用的不充分。或过度开发，土地和设施超负荷压力大，破坏生态环境。

3. 城市空间形象要素

空间形象要实现特色性、有序性、层次性和合理性，首要因素是城市建设指导思想，不同时代有不同的建设思想，不同建设思想造就了不同的空间形象。比如，用动态思维还是用静态思维，要恒久效益还是急功近利，是以人为本还是以经济为本，思想不同，城市空间形象会完全相反，后果也完全不同。

城市建设思想决定城市规划，城市规划决定城市布局，城市布局决定城市空间形象。城市规划是城市空间形象设计的二级要素，城市布局是城市空间形象设计的三级要素。四级要素就是方案实施。

二、城市建筑形象主体、定位与要素

城市是在一定空间上布置的具有不同功能、不同造型、不同风格的各类建筑物的集合体。建筑形象是城市形象的根本内容和载体。

1. 城市建筑形象主体

城市建筑形象细分为三类主体，即房屋、场地和各类辅助建筑。

楼房建筑是城市建筑形象细分的第一类主体。其用途各异，有各种规模的商厦、超市、购物中心和商店用房；有各种档次的写字楼、宾馆、餐馆用房；有各类学校、医院、保卫、环卫等用房；有各类生产型企业加工和存货用房；有各类住宅、别墅用房；有各级政府机关办公楼，等等。

建筑形象细分的第二类形象主体是场地。城市中的场地种类较多，如广场、庭院、草坪等。

建筑形象细分的第三类主体是辅助建筑。如雕塑、建筑小品、石桌、木凳、隔离柱、栅栏、灯饰、标示牌等等。

2. 城市建筑形象定位

城市形象客体期望城市建筑形象具有多样性、艺术性和适用性。

城市的各种建筑要有多样性。每一批以至每一个建筑各具特色，减少单调感。中国“千店一面”，有扩大为“千城一面”的趋势。《北京晚报》载文批评城市建筑趋同化是“高楼群、霓虹灯、玻璃墙、立交桥、大酒店、快餐厅、绿草坪、大广场、洋时髦、假古董。”

每一栋楼、每一条街、每一个广场、每一个公园、每一件建筑小品、每一条路、每一座桥、每一个车站、每一块标牌，都应当成为艺术品，给人以美感。中外古典建筑都具有这种品位，而现代建筑过分商业化、金钱化，为了降低成本，减少设计费，城里城外布满了同一张图纸的“翻版楼”、“翻版桥”。开发商和建筑商根本不考虑建筑艺术，只考虑少花钱，多挣钱。在竞争激烈的压力下，才做一些“艺术”的表面文章，结果还是“东施效颦”。城市规划管理机构也没有注重从艺术上把关。梁思成设计了几栋青砖绿瓦大屋顶建筑，受到了批判。当时虽然有加大政府经济压力的不利一面，但是今天再看这些建筑，确实有远见卓识，不仅与古都风貌协调一致，而且比现代西式建筑也更富韵味。

建筑物中只有少数雕塑等把艺术作为主要功能，在多数建筑物上艺术只是一种辅助功能。正如一个笔筒，其基本功能是放笔，但是为了增加生活情趣，给人以美感，增添一些艺术功能。单纯具有一种功能就是浪费，增加艺术辅助功能会使建筑更有价值。所以要既讲实用性，又讲艺术性和多样性，把三者有机统一起来。多样性和艺术性可能增加建筑成本，但是它给城市带来的精神享受和旅游引力，会完全超越“追加成本”，创造出世世代代的效益。

3. 城市建筑形象要素

城市建筑形象要实现多样性、艺术性和适用性目标，首要因素也是指导思想。“文革”中前三门大街建了一批简易楼，是受“备战思想指导”，没有长远打算。现在的一些住宅楼是按市场卖点打造的，二者形象天壤之别。

第二层要素是设计，包括结构、造型、内外装饰与色彩及配套环境设计。同样成本，两个不同水准的设计机构和设计师，设计出的建筑形象优劣差别往往十分悬殊。以色彩为例，不同民族、不同文化的设计者和客体对色彩的审美标准差异极大。中国农村人过去喜欢大红大绿，而北京人喜欢淡雅冷色。

第三层是材料因素，包括各种建筑、装饰和雕塑材料等，材料不同，形象档次不同。例如，外墙用涂料还是贴面砖，现实视觉效果与长远视觉效果大不一样。

第四层是工作因素，包括人工和机械。做工精细对建筑形象至关重大。建筑形象不仅美学价值由指导思想和设计、材料、做工因素决定，适用性也与四种因素密不可分。房屋完全朝北、材料不合格、房屋开裂、漏水，还有什么适用可言呢？

三、城市交通形象主体、定位与要素

城市交通形象也属于城市建筑形象的组成部分，由于其有特殊重要性，才独立研究。

1. 城市交通形象主体

城市交通形象分为四个主体，即桥梁、道路、车站和交通工具。

道路涵盖了一切路。包括陆路与水路；陆路又分为地上与地下路，铁路与公路，干线与支线，快车道与慢车道，步行道与机动道，盲道与轮道，小区道与宅前道，等等。所有的大道小道、长道短道全部概括为道路。抽象的城市形象就是点与线的组合体。每一个建筑物都是一个点，由粗细、长短不等的道路线条连接成网。

现代城市的桥梁上天入地，立体交叉。立交桥由两层发展到四层，在许多地段不是地上跑车，而是空中跑车。桥不一定建在地上，而是钻入地下，形成“道桥”，以便少占空间。

车站是交通形象主体之一。包括汽车、火车与机场、码头等。

交通工具主体也有多种，有公交汽车、火车、出租车、轮渡、飞机、摩托车、自行车等。

2. 城市交通形象定位

城市交通形象定位是轻松性、快捷性和靓丽性。上车、乘车、下车不拥挤，轻松自如，没有怕上不去或下不来的紧张感；车里没有人与人之间的零距离和窒息感。等车时间短，没有焦灼感。车行如流水，不堵塞，没有压抑感。

速度快，跑得起来，到达目的地不需要过多时间。

坐在车内向外动态地观看，或站在道边静态地观看，两种视野中都呈现出一幅靓丽的流动风景线。

3. 城市交通形象要素

城市交通要实现轻松、快捷和靓丽的形象定位，要素有多种：

一是路要宽、种类多，地上立体交叉，地下形成网络。城区60%的人出行应由地下交通解决。北京人均路面5.4平方米，市区不足3平方米，而巴黎人均路面30平方米，伦敦26平方米，地价和人口皆超过北京的东京人均路面28平方米。可见北京差距之大。

二是车的容量大，种类多，数量多，车内设施好。有公共汽车、出租车、地铁列车、轻轨列车、摩托车、自行车等。

三是路线和站台要安排合理，车站离住户不能太近，也不能太远，要适度。公共汽车跑的路线越长，越减少市民转乘的麻烦。

四是管理科学。由交警、车辆调度、信息及司售四个层面形成的运行和道路管理体系对于快捷常常起决定性作用，与发达国家比，北京反差较大。管理水平低，即使路多、车多也不一定能根本解决快捷问题。

五是交通形象与布局因素也关系极大，居住地要散一点，不形成上下车的过度密集点；离单位要近一点，少形成跨区上下学和上下班。

六是创造交通美。现代道路和桥梁是沥青和钢筋水泥路面，无美可言，与古代的路、桥不同。为了省钱，路、桥的传统美早已消失。现代交通的靓丽常常是由路桥之外的两个因素创造的，首先是路桥的绿化、美化和两旁背景的打造；其次是车辆的造型、色彩和装饰设计。靠这两个因素造就了“城市流动的风景线”。

四、城市绿色形象主体、定位与要素

1. 城市绿色形象主体

城市绿色形象由七种主体组成。

一是生活区绿地：包括住宅旁绿地，服务设施旁绿地，小区通道旁绿地，小区组团绿地，小区花园绿地。

二是工作区绿地：包括机关、学校、商业、医疗、卫生等单位绿化。

三是生产区绿地：包括工业园区及其内部的工厂、仓库、路旁的绿化。

四是交通绿地：有公路、铁路、人行道的两旁及其隔离带的绿地。

五是园林绿地：有城市的各类公园，如植物园、动物园、皇家园林、街头广场、路边公园等绿地。

六是防护区绿地：有风沙防护林、卫生防护林、水土保持林、水源蓄养林。

七是经营区绿地：如各种林场、果园、苗圃、花圃等绿地。

2. 城市绿色形象定位

城市形象客体期望城市绿色形象定位于高覆盖、分层次和多色彩。

传统的城市和落后的城市一个重要标志是堆满了钢筋混凝土的建筑，黄土露天，一片土色。现代文明城市一个重要标志是城市园林化。新加坡是典型例子，城市就是花园，花园就是城市，水乳交融。城市植被必须保持高覆盖率，并要有硬性量化指标，北京至少应当平均达到40%。整个韩国给人的印象是宁可不要金钱，也保持住青山绿水。北京各区县都大搞开发，城市不断扩张，农田不断被侵吞，甚至侵入到著名的风景区和园林区。从市中心的局部看，绿地年年在增加，但是从北京整体看，绿地却有可能随着建筑占地的扩大和农田、果园的减少而缩小。

城市绿化要分层次，实行立体绿化，分为空间立体绿化和建筑立体绿化。空间立体绿化就是绿化分层，地上有草，草上有灌木，灌木上有乔木，分为三个空间绿色层。建筑立体绿化就是植被覆盖，有立面覆盖和平面覆盖，如立交桥和屋顶绿化。

城市绿化要多色彩。绿化不是单色，而是多色。树种多，花草花木多，科学搭配，实现四季有绿，三季有花，五彩斑斓。

3. 城市绿色形象要素

城市绿色形象定位于高覆盖、分层次和多色彩，基本保证要素有4种。

减少建筑物密度。城市建筑物的密度与绿化密度成反比，建筑物越密，绿化程度越低。要建立园林城市，必须给绿色留出更多的占地空间。实现城市建筑低密度的关键在于城市规划机关对建筑密度的控制力度。作为开发商，作为各种组织，天然具有不断地加大建筑密度的本能和惯性，以便增加收益和经营资本。如果规划部门不像韩国釜山市政府一样死守着绿地不开口，那么就根本控制不住这种本能和惯性，城市会越来越成为钢筋混凝土的堡垒。在一个已经规划完工的地区和项目上，又重新立起脚手架，甚至拆旧建新，这是一种很不正常的现象。

选好草与花木品种。城市绿化选用什么草和树木，要考虑两种因素。一个是城市地理环境，包括土壤和气候条件；一个是植物的特点与地理环境的适应性。在空间上加大立体绿化的密度，种高大的白杨树就比种低矮的树种能创造更大的绿化空间；种草本花就不如种木本花少占空间，多扩展色彩。同时还要考虑每种花草和树木在特定气候条件下，花和绿叶开谢的时间搭配关系，保证一种花谢了，另一种花才开，做到三季有花或全年有花；要有最早吐绿的树木和最迟落叶的树木。在这个基础上，要有少数几种花期最长、绿期最长的植物作为基本花木。如月季花在北京开三季，松树和柏树等四季长青。

黄土一律“封杀”。城市的黄土不露天。北京街道上的树木，树下显露的土地全部罩上鹅卵石，或罩上铁艺透气盖，既保持树木所需要的水分和透气性，又美化了市容，刮风不起土。学校的操场一律铺上绿色的橡胶垫，既增加了绿色，又压制了扬尘。各种土地和待开发的土地也用绿色网罩住，防止扬尘，有利于美化。

充分利用山地风光。中国已经进入城市发展阶段，解决农村多余劳动力和提升购买力的惟一途径是加速村镇城市化。城市化、建筑低密度与中国可耕地短缺是一个巨大的矛盾。但是，中国山地多，北京也是如此，建设山城是中国可持续发展的最佳途径。山城可以打造中小城市，充分利用国土，促进山区绿化，容易创造城市自然景观。由于山区平地的局限，具有制约城市无限扩张的机制，山的绿色永远超越于城市的建筑空间。

五、城市生态形象主体、定位与要素

1．城市生态形象主体

城市生态形象主体细分为五种。

一是大气：保持大气清洁，减少和免于污染；保护臭氧层，防止辐射；

二是水系：河流、湖泊、海洋、地下水保持清洁；

三是土壤：城内与郊区的土壤防止物理和化学污染，防止沙化碱化，易于生长植物；

四是材料：各种建筑材料，用于城市各种户内户外建筑和装饰，防止其物理和化学污染；

五是生物：城市适宜于多样性生物的生长，根据不同自然条件有不同多样性特色。自然景观整体延伸到城市；城市交叉在自然环境之中，天人合一。

2．城市生态形象定位

城市形象客体对生态形象定位是卫生性、共生性和持续性。

城市不仅存在着环境卫生和饮食卫生，更存在着生态卫生。生态卫生涵盖了人类和各种有益生物的生存卫生。城市无物理、化学、粉尘、废品污染；对水、食品和大气有安全感。

城市不仅适宜人的生存与不断发展，也适于动物和植物的生存与发展。人、动物、植物生存在同一个空间，和谐相处，共生共荣。

合理利用各种资源，并使之永不枯竭，保持人与动植物的共同发展。

3．城市生态形象要素

要有效保证城市生态形象具有卫生性、共生性和持续性，需要诸多要素来创造这种形象。

其一人口适度。人是城市的消费因素，过度消费必然破坏生态平衡。一个城市所拥有的人口要与其资源可持续利用相匹配，过度增加人口，超越了资源承受力，生态平衡就会打破，生态形象就难以维持。人口对生态从两个方面构成压力，一个是纳新，一个是吐故。比如，水消费与污水增加。

其二资源保护。在一定的人口情况下，要合理利用水源、能源、土地和再生资源等，既要开源，又要节流。留有发展的余地。

其三生物保护。城市建筑和密集的人口，挤占了动物和植物的生存空间，使不少动植物减少或消亡，从而造成城市生态的恶化。植物减少使城市扬尘、辐射、燥热增加；动物消失使城市寂寞、枯燥、乏味、失去灵性。

其四环境保护。环境保护首先是防止污染，人口集中的城市减少冶金和化工生产，采取各种措施预先防止“三废”及噪声、建材污染。其次是彻底治理污染，实行无害化生产和消费。不惜代价处理废水、废气、废渣、扬尘、噪声，保证土壤、空气、臭氧、水源和动植物的生态卫生。

六、城市设施形象主体、定位与要素

城市是一个吐故纳新的体系，各种公共服务设施的好坏，对城市形象有重要影响。有些设施看不见，摸不着，深藏于地下，但是人却天天在使用它、感受它。

1．城市设施形象主体

城市设施形象主体基本上分为六种。

一是上下水系统：包括水源、水厂、自来水管道和污水排放设施。

二是供电系统：供电设施及供电保证。

三是电信系统：电话、电报、传真、电视、网络、无线通讯等设施及无故障性。

四是热力系统：主要指天然气和暖气的供应设施和保证程度。

五是环保系统：对污水、垃圾等城市排泄物的处理设施。

六是防灾系统：防止火灾、疫灾、水灾和震灾的各种设施。

2．城市设施形象定位

城市形象客体期望城市设施形象具有齐全性、完好性和充足性。

上水、下水、电力、电信、供热、燃气、照明、三废处理和防灾等各种设施、设备齐全。市政设施配套与生活、商务、生产等各种运行保持同步，不发生住新楼饮脏水等现象。

城市设施是城市吐故纳新系统，不可短缺。必须保证完好率，不能经常发生故障，造成生活、工作和生产的不稳定。

设施和设备用于资源供应，水、电、气、热、信息等资源短缺，即使设施和设备完好也成了“无米之炊”，所以还要保证各种资源的充足性。

3. 城市设施形象要素

城市设施形象的齐全性、完好性和充足性由多种措施保证。这些措施往往是客体看不见的。城市设施形象与其他形象有一个重要差别，这就是有它，客体并没有特别的视觉和心理感受，缺了它立即陷入"阵痛"，几乎整个单位，整个家庭，甚至整个城市都陷入瘫痪，产生一种难忘的极坏的印象。所以城市设施形象要素具有特殊性。

保证设施形象的要素主要有：建设质量，包括材料与做工；维护质量，即运行的日常维护；资源数量与质量；管理质量，即管理工作的好坏。

第三节　城市组织形象主体

城市的组织基本上分为三种，即政府机关、社区和窗口产业。这是城市的三大板块：行政板块、社会板块和经济板块。根据城市形象客体的期望来设计、建设和管理三大组织形象。研究的问题是：主体是谁？客体期望主体形象目标是什么？用什么要素来塑造目标形象？

一、政府机关形象主体、定位与要素

政府机关承担着城市的公共管理职能，其行政效率不仅关系自身形象，也关系整个城市的形象。政府独立于社区和市场之外，属于行政组织，服务于全社会。

1. 政府机关形象主体

政府机关形象主体可以从纵横两个层面来细分。

从纵向细分。政府是一个科层结构，每一层都构成了相对独立的形象主体。北京从市政府到区政府、街道办事处，分为三个层级的形象主体，越往下越直接面对市民，越具有窗口效应。

从横向细分。每一级政府机关都有各种行政职能，形成了不同的行政部门或机关。安全法律口，分为安全、检察、司法、检疫等机关；市场管理口，分为工商、税务、质检、卫生、物价等机关；城市管理口，分为交通、环卫、城管等机关；城市建设口，分为规划、设计、市政、园林等机关；城市劳动口，分为社保、就业、劳保等机关。三层政府及其各类机关就是政府形象的设计对象，是政府形象的承担者。

2. 政府机关形象定位

城市形象客体对政府机关的形象要求是廉洁、精干、高效、统一。

政府机关要通过实际行为来充分体现"权为民所用，情为民所系，利为民所谋"。立党为公，执政为民；充分体现现代制度文明，政务公开、办事公正、程序透明、民主选举、权力制衡；勤政廉政，克己奉公，遵纪守法，正大光明，从自己到子女在百姓中无口非。

小政府大社会。机关层次少，务正业，人员精。

行政职能不越位，不缺位，做到位，效率高。

令行禁止，上下统一，表里如一，不搞独立王国。

3. 政府机关形象要素

政府机关要实现廉洁、精干、高效、统一的形象目标，必须有措施保证。

政治体制改革是保证政府机关树立廉洁形象的根本措施，政治体制改革不到位，政府机关的廉洁形象就没有物质保证，就没有控制机制，就没有自律前提。廉洁的实质是政治文明。政治体制改革的首要任务是实现“权力在民”。公民议政、公民选举、社区自治；扩大立法、行政、司法三权相对独立性；实现政企分离，政社分离，政事分离、管办分离。政府作为纯行政组织充当社会公仆的角色。

精干，一要职能合理，做该干的、能干的事，不包办代替企事业单位和社会职能；二要用人合理，同种职能下，用能人则精干，用庸人则臃肿。三要机构合理，定员定编，立法保证。

高效，一要体制合理，政府机关的机构设置、权限划分科学；二要决策合理，决策一对，事半功倍；三要管理合理，计划、组织、协调、控制、指挥得当。

统一靠理论的彻底性、纪律的严明性和管理的科学性三个要素。党的理论建设是组织建设的基础，理论的正确性和彻底性不仅对民心有征服力，对官心也有征服力。正确的理论会造就政府正确的理念，正确的理念引导正确的行为。纪律和管理都是以正确的理论为基础，离开了理论的彻底性，就不容易产生自觉的纪律和科学的管理。理论创新是政府机关形象定位实现的重要条件。

二、社区形象主体、定位与要素

社区是市民生活的空间，也是一种社会组织，社区空间形象也是城市建设形象的一部分，从组织角度看，社区形象主体有居委会、服务中心、活动中心、社区志愿者、服务实体、共建单位、政府工作站、党组织和家庭等。

1. 社区形象主体

社区居委会是群众自治组织，由主任、副主任和若干委员会组成，如社区服务和社会福利委员会、社区治安和人民调节委员会、社区环境和物业管理委员会、社区共建和协调发展委员会等。

服务中心分为市、区、街和社区四级，是一个完整的市民生活服务管理体系，属于事业单位，由财政全额或差额拨款，也可自收自支逐步过渡到民办非营利组织。社区服务中心承担社区的服务管理、协调、项目开发和信息咨询工作。

社区活动中心属于公益性或半公益性机构。设有诸多的活动项目，如图书馆、阅览室、棋牌室、健身房、排练室、歌厅、舞厅、聊天茶室，等等。

社区形象主体还有社区党委和党支部、社区共建单位、社区医疗、卫生、餐饮、购物、金融、教育、养老、托幼、交通、法律等组织和政府驻社区工作站及家庭等。

2. 社区形象定位

城市形象客体期望社区形象真正具有民主自治、全面服务、慈善互助性质。

社区居民无论贫富，人人平等。权力在民，自治组织成员只是居民的代理人。居民衣、食、住、行、学、用、玩、医十分便利，举步之劳，甚至足不出户就能解决。市民由“单位人”变为“社区人”。社区是“大家”，建设靠大家。社区中要人人为我，我为人人，体现互助精神。在优胜劣汰的竞争环境中，一切都是变数。只有家庭是人的归宿，社区是人的靠山。社区的组织和居民对弱者要有宗教一般的慈悲之心，给予温暖，使他们拥有安全感和归属感。

3. 社区形象要素

社区的民主自治，全面服务和慈善互助形象定位要靠多种要素来保证。

政府工作变浮在上面为沉在下面，政府工作进社区。居委会不再是政府在社区的办事机构。居委会要变为自治组织，政府无权指挥居委会。政府要在社区设立自己的工作站，负责与居委会横向沟通，互相协作。政府的有关职能部门的工作也深入社区，实现科教、文体、法律、民警、巡警、城管、房管、环卫、保洁、消防、工商、社保、外来人员管理等队伍至少一员进社区。以社区为基础做好各项工作，保持与市民经常的联系。

社区财产属于区内全民所有，必须置于全民监管之下。建立听证会，政府各部门或人大代表定期下到社区听取群众意见和建议。建立居民评议会，政府和社区工作人员置于市民的直接监督之下。建立居民议事会，对社区医疗、卫生、文化、教育、安全、服务等各项工作的建议；对社区的物业公司等经营实体的意见；对需要政府解决的各类事情的要求；经过讨论，作出决议，由居民委员会去协调解决。实现居民的自我管理，自我决策，自我服务。建立社区互助体系，各类专项志愿者队伍针对不同对象无偿地进行服务。建立完善的服务体系，为家家户户及时、便利、高效地提供全面服务。

三、产业形象主体、定位与要素

城市是产业发展的产物，而不是生活发展的产物。产业集中引起人口集中，从而形成了城市。产业是城市的胚胎、萌芽和催生婆。产业形象是城市形象不可或缺的组成部分，反映了城市的经济实力形象。

1. 产业形象主体

产业分类具有相对性。例如啤酒可自成产业，也可归为酿酒产业，还可归为食品产业。产业细分数千种，粗分也有上百种，北京重点发展的产业归为十几种。

其一，商业。在经营项目上有食品、百货、建材及各种专用设备；在规模上有大型物流中心、百货商场、超市、社区商场、便民店等。市民每天都离不开商业，特别是食品店。

其二，食品业。粮食、蔬菜、水果、面包、糕点、酿酒、饮料、冷食、熟食、屠宰等各类食品加工业。

其三，旅游业。宾馆服务、餐饮服务、交通服务、景点服务、翻译服务、安全服务、卫生服务等各种主体的综合形象。

其四，金融业。银行、证券、保险业，每一个门面、每一个交易中心，都是具体的形象主体，代表着整个行业的形象。

其五，文化产业。出版业、印刷业、影视业、剧院、影院、博物馆、文化馆、演出业、广告业、展览馆、图书馆、书店、体育馆、游乐场所、电视台、报社、广播电台、网站、艺术设计咨询机构、社科研究机构、各类文艺体育团体、均属于文化产业形象主体。

其六，教育产业。托儿所、幼儿园、小学校、中学校、大学、民办学校、社区学校、远程教育，组成了教育产业形象主体。

其七，高新技术产业。由新技术、新能源、新材料三类产业构成。如集成电路技术、信息技术、生物工程等形成了高新技术产业形象主体。

其八，制造产业。大到汽车、飞机、火车、轮船、医疗设备、造纸设备、印刷设备，小到手表、照相机、冰箱、彩电等企业均属于制造产业，这些企业构成了制造产业形象的主体。

其九，医药卫生产业。制药厂、医院、保健站、卫生站、康复中心，各类疾病疗养院等构成医疗产业形象主体。

其十，房地产业。由开发商、建筑商、销售商、物业公司构成形象主体。

2. 产业形象定位

不同产业的性质不同，形象定位也不同。但是，各种产业又有共性，因此应有一般性的形象定位。

商业、金融业、食品业、旅游业、教育产业、医疗产业、高新技术产业、房地产业等各种产业的企业都必须先做人，后做事，讲信用，争一流。不讲信用的企业一定垮，也应该垮，必须垮，恶有恶报。不争一流的企业，活不好，活不长。所以讲诚信，争一流应成为各类产业的共同形象目标。不同产业的企业有其独特性质，确立一般形象定位的同时还要确立能反映自身本质特征的形象定位。商业求一个“真”字形象，不卖假货；金融业求一个“信”字形象，不失承诺；医疗产业求一个“德”字形象，治病救人；食品产业求一个“净”字形象，卫生安全；旅游产业求一个“乐”字形象，平安舒适；教育产业求一个“活”字形象，因材施教；文化产业求一个“神”字形象，涵养性情；高新技术产业求一个“高”字形象，独占鳌头；制造产业求一个“精”字形象，品质超群；房地产业求一个“实”字形象，货真价实。

3. 产业形象要素

产业形象主体的多样性，定位的特色性，决定了形象要素的复杂性。从共性角度和一般企业形象设计的要求来看，主要有六种要素。

一是产业理念要素：任何产业的企业都要有自己独特的文化、有自己独特的思想体系，以统一全体员工的思想，指导全体员工的行为，引导企业的发展。其核心内容要体现产业的形象定位。理念要素包括企业的宗旨、战略、经营思想，价值观、戒律和企业精神。这是企业的内在形象，是全体员工的灵魂。

二是产业制度要素：建立科学、严密的企业制度、责任制度、技术标准、工作标准、管理标准和产品标准，并彻底贯彻于实践之中，不然等于纸上谈兵。

三是产业行为要素：建立企业各类人员、各种场合、各个方面的行为准则，并自觉履行。其中领导行为既关系企业内部的凝聚力，又关系企业外部的信任度。

四是产业视觉要素：包括企业标志、标准字、标准色及其在包装、用品、工具和门面上的使用。

五是产业成果要素：这是产业形象设计的出发点和归宿，万变不离其宗。没有出群拔类的产品和服务，一切要素都等于零。

六是媒体广告要素：形象是宣传出来的，没有宣传，再好的企业也不会在全国和世界树立起形象。

对于产业来说，企业形象的六种要素集中体现了产业的形象定位。例如，不管什么样的食品企业，不给客体一个“净”的形象，相反给一个“脏”的形象，是无法经营下去的。企业形象固然各有特色，但是绝对逃脱不了产业的共性规律，为了“特色”把共性规则“创造”掉了，企业决不会有好形象。

第四节　城市市民形象主体

城市市民形象的主体细分为政府公务员、企事业单位人员、城市闲散人员和长住城市的外地务工人员，作为市民有共同需求，形象定位及其要素有共性。

一、市民形象主体分类

市民形象主体有公务员、企事业单位人员、闲散人员和外地务工人员。

1. 政府机关公务员形象主体

城市各级、各类政府机关公务员的形象在市民中起着示范和引导作用。一个城市的市民形象如何与公务员形象有重要关系。政府的重要职能是管理城市，服务市民。在城市的三大组织中，政府机关的知名度最高，知名度高有两种结局，要么香飘万里，要么臭名远扬。知名度低的组织和成员，好也影响不大，坏也影响不大，而知名度高的组织和成员则完全相反，好也影响大，坏也影响大，因为知道他们的人太多。政府及其公务员之所以天然名气大是由其职能决定的，政府从事公共服务，自然人人皆知。所以公务员要深刻认识机关和个人的这种职业特点与形象作用，牢牢树立形象观念，自觉地打造自己的形象，在市民中起表率作用。公务员的形象就是政治。社会风气不好，与贪官污吏太多，有些公务员表率作用较差有直接关系。正人先正己。公务员的形象与政府领导干部的形象相比，又在其次。公务员的形象是政府领导干部形象的反映，上梁不正下梁歪，公务员中起决定作用的是领导干部形象。

2. 企事业单位人员形象主体

企事业单位人员是指在企事业单位工作的各类人员的形象，他们的文化程度不同，职业不同，性格不同，形象也各有特点。他们的形象不仅代表了单位形象，也代表了城市形象。这些人构成了市民的主体，对城市的生存与发展起重要作用。组织形象的核心是人的形象，因为组织是由人构成的。产品和服务是人的形象的物化表现。产品和服务质量好，会强化对人的形象的认同。

3. 城市闲散人员形象主体

城市的闲散人员主要由退休人员和失业人员组成。北京已经进入了老龄社会，60 岁老人占市民的 10%，退休人员不是城市形象的主流成分，但是他们的生活状况和行为方式在中青年中有一定的影响力。比如有的青年看到老年人生活孤苦和艰难，就会想到自己的晚年，替自己的考虑和安排就会多于替他人和社会的奉献。失业人员本身就是城市形象的一个缺陷，这部分人过多或行为失常会给社会形象造成重大伤害。有的失业者自杀，一个人的行为会震惊全城，使政府和社区组织形象抹上污点。所以不能小看了退休人员和失业人员对城市形象的关联性。

4. 外地进城务工人员形象主体

外地进城务工人员不仅影响其就业的城市，也影响其户口所在地的地区。城市治安把外地务工人员作为重点关注对象，就是因为盗窃和抢劫的犯罪成员中外地人占的比重太大，从而树立了一种令人不信任的形象。北京人不约而同地愿意用这个地区的人，不愿意用那个地区的人，就是因为那个地区的人在违法者中占多数，败坏了地区全体成员的形象，连好人也受牵连。无论哪个城市，三陪女最多的是外地人，而外地人中当三陪最多的又集中在某几个省份。这样他们个人的不良形象和地区的不良形象就逐渐形成了。所以自尊、自强对外地打工者来说是至关重要的。

外地人有相当一部分白领和经商者，在北京买了房，有固定住所，有稳定的职业，这部分人实际上已经成为北京市民。他们在居委会成员选举中拥有选举权，除了没有正式户口，一切均与北京市民一样。他们应同北京企事业单位职工一样，树立北京市民形象。

二、城市市民形象定位

市民形象主体定位于有德、有为、有志。

1. 有德形象定位

市民要有家庭美德。夫妻忠诚，富有责任感，勤奋贤惠，上孝敬父母，下关怀子女。子女有承担现实和未来家庭责任和风险的意识。

市民要有职业道德。守时、守责、守信、守纪；善于协作，顾全大局；尽心、尽力、尽智。

市民要有社会公德。善良正直,悲天悯人,富有他人意识、民族意识和国家意识。讲礼貌,守规矩,先人后己,见义勇为。

2. 有为形象定位

勤奋。自力更生,艰苦奋斗,不懒惰,吃苦耐劳。适应性强,既能过"皇帝日子",也能过"乞丐日子"。清除贪图清闲的"八旗遗风"。

求实。脚踏实地,不好高骛远,富有现实主义精神,善于从小事做起,从平凡起步,积蓄力量。不以事小而不为,不以利小而不为。改变"北京大爷"形象。

3. 有志形象定位

有骨气。有独立见解,不随波逐流、人云亦云。

有信心。市场经济环境里,人的一生会有各种失败和挫折,永远不能失去生存和奋斗的信心。失败了再干,百折不挠,"此地不留我,自有留我处,处处不留我,我当个体户。"

有恒心。立下目标,持之以恒,不达目的,决不罢休。

三、市民形象要素

市民的形象要素分为主观与客观两种,客观要素就是城市建设形象和组织形象的熏陶与影响,主观要素的核心是有正确的人生哲学。

第一,会思维。市民要有正确的思维方式,正确的思维方式就是智慧,智慧来自知识,高于知识,知识是智慧的基础。支撑智慧的知识既有书本知识又有实践知识,二者缺一不可。知识要转化为市民正确的世界观和方法论,而后上升为正确的思维能力,这样才能展示出智慧。世界观是自然观、社会观、人生观和价值观的总称。自然观是人对自然的根本看法,人与自然存在两层关系,首先要认识到人是自然的一部分,人来自自然,独立成社会,与自然形成对立体。人要崇拜自然,人不能胜天,人与自然共生死。其次要认识到人在自然面前具有能动性,人不像其他动物一样完全顺从自然,人能透过自然现象认识自然规律,创造科学与技术,为人类服务。科学与技术的使用可能有利于自然,也可能破坏自然,要扬其利而除其弊,保持与自然的和谐统一。人类的根本属性在于社会性,离开社会人与一般动物没有区别,狼孩的行为具备狼的特点,就是因为脱离了社会。人的许多本质特征都是社会创造的。社会性要求人与人之间相互协作,互相支持,互相帮助,要既独立,又服从,要有他人意识,遵守社会各种准则。目无一切,我行我素就会丧失社会性。即使高级一点的动物,也不是绝对自由的,要服从权威和群体意志。人生为了什么?越是高智慧的人,越具有探求这个问题答案的强烈愿望。人生是一种责任,离开责任,人生就没有趣味。这种责任是一个体系,具有多重性。对家庭、对社会、对民族、对国家都要承担责任,地位越高,责任越大;力量越强,责任越大。老人在家中地位高,但力量不强,儿女有更强的实力,因此责任也就增大了。每个人都有自己判断和衡量事物的价值标准。价值的本质是利益，不同主体有不同利益。个人利益与他人利益，组织利益与国家利益有时是对立的，不同价值观取舍就不同。利益表现为各种需要，如生存、归属、安全、尊重、自我实现和超越自己，追求利益的层次不同，价值观就不同，行为方式就不同。追求社会正义的人容易超越自我，见义勇为，他并不多考虑个人生存的得失。并不是只有社会主义制度运用世界观的概念，资本主义制度也一样。最典型的是日本经营之神松下幸之助，他有许多精辟的论述和丰富的实践。

世界观是思维方法的基础，但是不等于思维方法。思维方法有自身的规律性，如辩证的方法、系统的方法和创造性思维方法等。"左"的时期不少好人挨整，自杀了；市场经济环境中，也有一些下岗人员自杀了。从主观因素讲，自杀与思维方法有直接联系。大量事实证明；山穷水尽疑无路，柳岸花明又一村。绝境是暂时的，是人生的一个过程。面对绝境不同世界观和方法论的人采取不同态度，最后得到不同结局。积极地熬：白天挨批斗，晚上继续搞科研，结局是平反，功成名就；乐观地熬：实在揭不开锅了，就去借钱，甚至讨饭，结局是社会保障政策完备了，不仅能吃饱饭，而且又再就业了；悲观地熬：整天压抑苦闷，结局是春天来了，也病倒在床；绝望地熬：自杀了，甚至强迫几岁儿女一同了断人生。当春天来了，政策来了，人也享受不到了。会思维决定人的命运。

第二会学习。读大学与其说学知识不如说是学习"学习的方法"。知识是无穷的，十年也学不完，更何况四年。掌握了学习社会科学和自然科学的方法，就能自己去根据需要不断学习现实需要的各种知识，具有较大的应变能力。人类进入了信息爆炸的时代，知识更新速度越来越快，人必须肯于学习，善于学习，既会排除信息污染，又会及时掌握必要的信息。人的时间有限，脑容量有限，必须学会放弃一些知识，如果什么都懂，什么也不精，就很难变现。只有专而深，才有效率。要善于把厚书读薄，融会贯通，举一反三，灵活运用。

第三会交际。现代社会具有对立的两面性，一方面人与人交往减少，计算机和网络化、信息化，使交易、办公、沟通都具有间接性，将来有些办公也可以家庭化，居民从大杂院搬进楼房，互相接触减少，人的交际能力在退化，青少年学生出现交际恐惧症。另一方面，现代社会又要求人提高直面交际的能力，经济全球化、职业多变化，营销难度大，要求人具有多种语言沟通能力，掌握语言艺术，注重衣着外貌，讲究礼仪。北京市民多数人对市民的文明言行不满意，文明言行是市民形象的重要标志，也是交际的重要条件。没有人愿意同言行不文明的人打交道，言行不文明，会使人缺乏信任度和亲切感。

第四会生活。所有的市民都应当养成良好的生活习惯，戒除不良嗜好，如酗酒、吸烟、打麻将、随地吐痰、乱扔垃圾、不讲卫生、不善于调节，特别是那种对己对家不负责任的生活，更应坚决根除。在饮食上、娱乐上、体育上、居住上、精神上都讲究科学和文明。在处理婚姻、子女、父母、兄弟姐妹及邻里之间的各种关系上，当好角色，讲究亲情，负有责任感和奉献精神。会生活才有真正的健康和快乐。

第五会工作。在特定专业能力上，总是有强者有弱者，弱与强是相对的。这个专业上的强者，在那个专业上就是弱者；反之，这个专业上的弱者在那个专业上就成为强者。大科学家在他的研究领域上是强者，在家庭事务上，可能远不如自己的妻子。社会还做不到为每个人量才使用，人还是要像奴隶一样服从社会的需要，区别仅仅在于市场经济环境比计划经济环境为人提供了更多的自由选择余地而已。所以人在工作上要自立自强，既要勇于在某一个专业上成为专家，又要善于转变专业，一专多能。无论在什么单位，无论干什么工作，不干则已干则一流，追求卓越，有较强的敬业精神。不要好高骛远，要脚踏实地，干自己能力能承受的工作。不怕干小事，鲁迅和老舍都告诫过自己的子女，干力所能及的工作，不要勉强自己，只要自己高兴，对社会有益就行。百姓要有这种价值取向，高官也一样，让“能力低”的子女“继位”，只会祸国殃民。人与人不要攀比，要从自己的实际出发，这样才能干好工作，并减少毫无意义的精神烦恼。幸福是各种各样的，干大事，挣大钱，最终未必幸福；干小事，挣小钱最终也未必不幸福，这样的事例自古以来数不胜数。干什么要干好，从工作出发，不要勉强去挣钱，更不要坑人。

第六会自制。人来自自然，无论多么伟大的人，都有其劣根性，即兽性的一面。这是毫无疑义的，用不着迷信任何伟人，人类自古至今没有一个是神。区别在于越是伟大的人，越是高层次的人，自制力越强。这种高层次并不是指社会地位和专业水平，而是指人性层次。社会地位高，专业水平高，人性层次低的人不少；社会地位低，专业水平低，人性层次高的人更多。一位外地在京打工的青年舍死救人，同歹徒搏斗致重伤，难道不比四川那见死不救的县长层次高吗？

人性层次越高，自制力越强。自制力本质上是一种理性与感性的较量，理性总是控制着感性；自制力是人的毅力与责任感的凝聚力。责任感强，毅志力强，理性强，就会放弃冲动的本能，就会顾及行为后果、行为成本，在价值选择上，会把他人、家庭、社会、民族和国家摆在首位，把个人的享乐和发泄欲望压抑下来。小到随地吐痰、乱扔垃圾、“京骂”；大到嫖娼、贪污、盗窃、杀人、放火，都体现了一个人的自制力水准。自制力应成为市民追求的一种完善自我的人生目标。人类越处于原始状态，越缺乏自制力；越进步，越文明，越具有自制力。道德就是建立在自制力基础上的，没有自制力就要靠法律来维持社会秩序。

第三章 城市功能形象细分

城市形象按功能细分，分为一般功能形象和核心功能形象，整体功能形象与区域功能形象；内涵功能形象与外涵功能形象。城市整体功能形象就是城市核心功能形象；内涵功能形象就是一般功能形象。

第一节 城市一般功能形象

城市功能与城市形象的关系十分紧密。人们都有过这样的感受，到了一个城市很快能形成一种印象：这是一个工业城市，这是一个旅游城市，这是一个文化城市等等。这种印象就是城市功能造成的。

一、城市一般功能划分

城市，特别是大中型城市，都具备9种基本功能，即居住功能、经济功能、交通功能、教育功能、文化功能、政治功能、信息功能、管理功能和艺术功能。

1. 居住功能

城市是数十万、数百万人的集聚地。因此城市必须适宜人的居住，不适合人居住的城市就是死城，没有任何发展前途。西方发达国家的某些城市曾经历了一个"逃离城市"的过程。当时由于工业对环境的严重污染，城市已经完全不适合人们居住，城里人纷纷迁到郊外，城市的经济发展逐渐萎缩。经济萎缩导致失业增加，不少人最终迁往别处，从而更加剧了经济萎缩和城市的空壳化。经历了这种痛苦的教训，政府开始调整产业结构，治理和消除城市环境污染，打造良好的人居环境，使人们从郊区、从外地又重新迁回市中心居住。城市有了人气，经济才有活气。所以任何城市都必须具有良好的居住功能。城市与田野不同，田野里白天人们耕作，夜晚就没有人了。城市里24小时都有人在活动和生活，是人的生活和工作集聚地，工作空间与生活空间相距很近，从整体上甚至犬牙交错，所以居住功能是城市最基本、最重要的功能，以其他功能来牺牲居住功能就是舍本求利，最终是"两败俱伤"。

2. 经济功能

任何城市都要发展经济，城市是经济发展的产物。城市不是人们为了集中居住而产生的，而是经济发展把人们集中到一个空间中来的。这与村落的形成是不同的，村落在很大程度上是人们群居习性创造的；而城市则是经济创造的。在城市居住要有工作，要保证生存；为此城市必然发展经济，包括工业、农业、商业、金融、服务业等。20 世纪 50 年代在消费城市和生产城市两个对立面中定位北京城市性质，犯了逻辑错误。任何城市都要生产，同时也要消费；没有生产，就没有消费品；没有生产，就没有工作；没有工作就没有能力消费。同样，没有消费，生产就失去意义。二者不可分割。把北京定位生产城市之后，严重污染了环境，破坏了城市布局。于是政府重新定位北京城市性质为政治文化中心。一些人又认为北京不应当大力发展经济，争当经济中心就违背了北京的城市性质。北京固定人口上千万人，外地打工者 6 百万人，不发展经济怎么生活？靠全国的纳税人养着吗？显然是不现实的。任何城市都要大力发展经济，这是城市发展和人们生活的物质基础，北京作为首都也毫不例外。城市的经济功能是不能削弱的，没有经济功能环境再适合居住，人们也住不下去，因为没有经济收入。北京的经济功能不是太强，而是不足，需要进一步强化。北京人均国民生产总值只是伦敦、巴黎的八分之一，是纽约、东京的十分之一。

3. 交通功能

“条条大路通罗马”。居住中心和经济中心，必然要求城市的交通功能。城市的人流和物流不仅在城市内部互动，而且与外部、甚至与世界范围之间互相流动，因此城市必须具备交通功能。特别是现代城市，人流与物流的空间空前扩大，没有良好的交通功能是不可想象的，生活不方便，经济难发展。“要致富，先修路”，连中国的农村尚且如此，更何况城市。任何城市都是中国交通的一个枢纽，一个结点。大中城市无一例外应成为交通中心。北京是政治文化中心，难道不是交通中心吗？全国大中型城市，特别是省会城市的列车全都直达北京，从北京换车到全国各地最方便。北京的飞机场的客机不仅飞往全国各地，而且飞向世界各地。所以交通功能是城市的基本功能。北京的交通远远落后于国际水平，2001 年北京人均拥有的铺装道路面积仅相当于 10 年前纽约人均路面的十分之一。

4. 信息功能

城市与农村不同，城市信息源多。内部信息量大，外部的信息量也大。每天的信息应接不暇。此外，城市的信息媒体和信息手段也多。各种报纸、杂志、书刊日新月异；邮政、电话、电报、互联网十分发达。信息的种类五花八门，政治、经济、教育、科学、技术、文化、生活信息，无所不包。这些信息成为城市生存与发展的重要资源。“知己知彼，百战不殆”。知己靠信息，知彼也靠信息。离开了信息功能，城市就成了瞎子和聋子。因此任何城市都是信息中心，区别仅仅在于资源的多少和规模的大小而已。北京作为首都应当成为全国的信息中心。党中央在北京，全国的信息和世界的信息都要向北京传递，北京都要及时收集和把握。同时，中央的各种决策也及时传递到全国各地。北京如同中国的大脑，是信息传递和反馈的集中地。北京的信息资源、信息基础设施、信息人才、信息技术应用与发达国家的城市和地区比，处于第十位，尚须大力发展。

5. 教育功能

城市的居住功能和经济功能决定了其必须具备教育功能。人口集中的地区，教育需求就多，经济发展对教育的需求也相应增多。由于科学技术的进步，城市逐步走向学习型社会，学习成了人的终生需要，因此城市必须大力发展义务教育、职业教育和高等教育，以满足人的全面发展和经济成长的需要。北京的教育在全国最发达，具有得天独厚的优势。但是，高等教育仍然满足不了需要，不仅北京青年人要深造，而且外地不少打工者也在北京读书。因此教育功能应当成为北京最重要的功能之一。这种功能越好，市民越没有上学难的感觉；这种功能越不好，市民上学越难。北京每万人中大学生数不到纽约、伦敦、东京的一半，与巴黎差距更大。一边是厂房闲置，知识分子找工作难；一边是上学无门，沉淀下低学历的劳动者，而低学历又找不到工作，人才市场为高学历者垄断。这种矛盾与政府垄断教育，没有有效创造城市教育功能有直接关系。教育功能的发挥，核心在于公办与私办教育在质量认证上要平等对待。私办的高等教育产业化有广阔前景，关键在于人为地制约其发展。

6. 文化功能

城市的文化功能主要指城市满足人的文化需要的能力。人不仅有物质需求，而且有精神需求，因此人口的集中地城市必须具备文化功能。包括各种硬件设施和文化内容与活动。如图书馆、博物馆、娱乐场、体育馆、公园、剧场、音乐厅、古迹、影院、少年宫、科技馆、电视等等，以满足不同年龄、不同爱好、不同层次的人的文化生活需要。城市文化功能带有综合性，它兼有经济性质和教育性质，同时也是构成居住环境的重要条件。例如，剧场要收费，是一种文化产业；看戏受熏陶和启迪；同时丰富了业余生活。城市文化功能是一举多得之事。

7. 管理功能

城市是各级行政组织所在地。县归市管，取消了地级政府；乡、镇政府也将取消，县政府成为扁平式组织。行政体制的变革，进一行强化了城市对乡村的行政管理功能。从中央政府所在地首都北京，到各省、自治区的省会城市，再到省、自治区内的地级市、县级市，对全国实行有效的行政管理。这种行政组织功能依托于城市而发挥。

各种经济组织的总公司、集团总部、集团公司领导机构也设在大城市，居高临下，对分散在各中小城市的子公司、分公司进行指挥和协调。

就城市内部来看，一时也离不开管理。生活、安全、交通、环境等各个方面都需要有专人依法管理。

8．政治功能

从首都北京到各省会城市、管县的城市，都具有政治功能。是政治组织和行政组织的所在地，对全国各地实施自上而下的政治领导和行政管理。城市是政治中心。北京是中国的政治中心，省会城市是该省的政治中心，管县的城市是广大农村的政治中心。否定城市的政治功能，或认为只有北京是政治中心，各省会城市不是政治中心，所有这些观点全是片面的。

9．艺术功能

城市具有艺术功能是一种有争议的看法。现代城市过分讲究实用，讲究成本和利润，在城市的打造上急功近利，既不对上一代负责，也不对下一届负责。城市建设不仅要有用，而且要好看，要独具匠心，世人称奇，每一条街，每一座楼，都要当作艺术品来创造。当人的温饱解决之后，当城市发现实现了现代化，人们对城市的艺术欣赏功能的需求会日益高涨。城市美学功能打造要有前瞻性。

只要是一个城市，就必然具备九种基本功能。无论是北京市还是烟台市都是如此。这是客观的，不以人的主观所决定。

二、城市功能形象的特征

城市形象不仅是一种视觉满意度，而且更是一种物质需要与精神需要的满意度。城市功能之所以能成为形象，原因就在这里。

1．功能与需求的相关性

功能是一种抽象概念，一般指能力、作用、效力等。系统理论认为系统是由要素构成的，要素的内部联系形成结构；要素的外部联系形成功能。结构是为功能服务的。功能满足人的需要，功能造就形象。彩电的内部有各种器件要素，装配成彩电的结构，为的是图像清晰的功能。如果清晰功能不好，人就会由否定这台彩电，扩展到否定这个品牌以至这个厂家。所以功能与形象绝对相关。功能为满足需求；功能不好，就满足不了需求，就会造成人的不良印象和情绪，从而就会损害城市的形象。

城市功能就是城市满足人和组织的需要，城市九种基本功能，实际上是人与各种组织的九种基本需要。功能对需要满足的越彻底，城市形象越好。城市形象设计应遵循：需求→功能→形象的流程进行。

2．功能与需求的具体性

功能和需求是两个高度概括的抽象概念，而形象是具体的。因此，城市功能形象往往表现在具体的需要上。北京有的居住区周边是化工厂，气味难闻，居民常年生活在这种环境中，意见很大。这件事涉及了三个概念，即城市的经济功能、居住功能和居民需求。经济功能损害了居住功能，不能满足居民生活环境需求。要解决这种矛盾，在化工厂强化环保措施的前提下，要么迁厂，要么迁居住区，拉开距离。所以城市功能在实践中总是表现为具体的规划、具体的计划、具体的事务、具体的措施，具体的建设。正如城市概念，离开了特定的具体的城市就没有城市概念。功能和需求在现实中也一样，全部是具体的。既然如此，为什么要研究功能形象呢？为什么不从具体事物出发，而从一种抽象概念出发呢？从城市功能概念出发研究城市形象，便于从整体上把握城市形象的塑造，居高临下，势如破竹；便于从战略上、整体上去统一考虑解决具体问题；便于把抽象与具体有机地结合起来。否则就会头痛医头，脚痛医脚。总之，功能形象的建立最终需要解决一个个具体问题，以满足人和组织的需要，这样才能树立起某一种功能形象。

3. 功能与需求的完整性

城市功能有可能在这方面满足了人和组织的某种需求，而在另一方面又损害了人和组织的某种需求，这种现象很多。其中典型表现是把经济功能与居住功能对立起来，“先污染，后治理”；“先生产，后生活”。更典型的表现是把城市功能与城市形象对立起来，认为功能指导规划，而不是形象指导规划，要功能就别要形象，要形象就别要功能。这是一种糊涂概念，城市功能已经客观地展现城市形象，但是不一定是完美的形象。原因在哪里呢？原因不是城市功能与城市形象相对立，恰恰相反，二者相统一，才出现这种矛盾。城市功能不全，导致城市形象有残。在以往的城市规划中，只考虑实的功能，不考虑虚的功能。20 世纪 60 年代各大学曾取消花房和养花；“文革”中，毛泽东同志曾说过“天坛公园有空地，可以种一些菜”。城市的美学功能完全被忽视，城市应当作为一种艺术品来规划和打造。美学功能应当作为一种综合性功能渗透在其他功能之中。城市功能的残缺对城市形象造成了影响。城市每项功能都是对应着人的需求，功能全、功能好，人对城市印象当然就好。

4. 功能之间的交叉性

城市 9 种基本功能往往是一种理论分类，在实际中各种功能常常交织在一起。比如居住功能，一个现代社区或居住小区中应当有良好的住房条件、生态条件、就业条件、各类服务条件等，关联到城市的经济功能、交通功能、教育功能、文化功能、艺术功能、信息功能、政治功能和管理功能总合。只有各种功能综合起作用，才能创造出良好的居住功能，单打独斗是成不了名牌的。城市是一个系统，各种功能既有独立性又有交叉性，所以在城市功能形象设计上不能挑肥减瘦，轻视任何一项功能都会影响整个城市形象。

三、一般功能的集中与分散

城市一般功能形象的塑造，从城市整体形象上看，关键是处理好一般功能的集中与分散的关系。

1. 集中中有分散

城市的一般功能应当集中，在集中中有分散。北京曾经请外国专家设计中关村的形象，外国专家经过考察得出的结论令政府吃惊——中关村功能不明确。中关村作为高科技产业集中地已是世人皆知，外国专家为什么会得出这样的结论呢？其中一个重要原因就是集中与分散的关系没有处理好。中关村原本是高等院校和居民的集中地。中关村大街从北向南，沿途有北京大学、中国人民大学、理工大学、民族大学、解放军艺术学院、人大附中、国家气象局、农业科学院、国家图书馆等教育和研究机构，其间穿插进商业性质和工业性质的高科技公司，确实有杂乱无章的现象。动与静极不协调，南头延长线是著名的皇家园林，有圆明园、颐和园，西北是玉泉山和香山；南头是紫竹院公园。在这样一个空间中最适合集中布置教学和科研单位，不适宜安排经营性质的公司和加工性产业。中关村在功能安排上违背了集中性原则。城市的基本功能必须集中，这样才能打造出一个空间完整的、富有突出印象的、便于识别的形象。国际上许多著名的城市都注意功能集中，各种功能区域的边界十分清晰，清晰到可以用长方形或正方形的线条来标识。有的一条路的两边就是两种鲜明的形象，一边是工业区，一边是商业区或居住区。

由于城市发展过程的复杂性和为了生活学习的方便性，城市的每种功能不可能完全集中在一个空间。比如北京的经济功能集中于南城，生活功能集中于北城，这是不可能的。因此在坚持集中原则的前提下，功能还要有分散。北京的高科技产业园区就不是一个，而是有若干个，分散在不同区域，这样便于就业、便于交通、便于各个区域的发展。商业、金融业、教育业、文化业也是一样，有功能集中的商业街、金融街、文化街、校园区，同时，这些功能又成点状分布在各个社区，便于对居民各种需求的服务。功能的绝对集中和绝对分散都不利于树立城市的功能形象，只有把集中与分散有机结合起来才能使城市的基本功能形象，既在物质功能上满足居民的需求，又在精神功能上，满足居民的需求。

2. 分散中有集中

城市的一般功能安排重在集中，次在分散。在分散中也要有集中。北京高科技产业园区分散在亦庄一个，而亦庄的高科技产业集中在一个空间，与商业区和居住区分割开来，三者形成鲜明的轮廓线。这就是分散中的集中。从城市整体上看，同一种功能是分散的；从城市的局部上看，同一种功能又是集中的。从整体上和局部上都产生一种有序的形象。

城市交通功能是最分散的，这样可以减少步行，从任何一点都便于直达目的地。但是，也要有集中性，要建立若干个交通枢纽，从每一个方位都有直达总站、长途站的车辆，由这些集中地可以转乘其他车辆。这种交通集中地与线路上各站点不同，它是多种线路的始发站和进入站。

3. 功能混乱的因素

城市基本功能混乱是由多种因素造成的。其一是发展水平。城市是数十年、数百年以至数千年，一代又一代人打造的结果，几经变迁。不能过多地指责前人，当时有当时的经济条件和知识条件的限制。北京市在20世纪70年代之前，不少居民区与工厂交织在一起，居住功能与经济功能不分，机械厂、印刷厂、搪瓷厂、食品厂混杂在胡同的居民区里，出了家门进厂门。破旧的民房与破旧的厂房从外观上难以区分，因为厂房用的就是民房。这种功能混乱完全是由经济状况和历史条件造成的，市民首先要物质生存条件，尚无功能形象概念。

其二是认识水平。城市发展的决策者的认识水平直接关系城市基本功能布局的合理性。政府在城市功能安排上，往往随其自然，顺水推舟，较少逆现实而动。中关村的高科技产业原本自发形成，大多是一些小公司。既然在此形成了气候，政府也就就地推动其发展。没有过多考虑其与周边高校、科研机关和皇家园林的协调性，相反却认为临近高校有利于人才资源的供应。这是一种认识上的失误。北京大学南墙外盖了许多店面，每年有不少收益。北大为了保持一流学府的形象和宁静，硬是亲手拆掉了这些店面，重修院墙和绿地，这是认识的进步。北京应当把中关村和颐和园山后直到温泉一带依山傍水的宝地用于发展高等教育，建立山水大学城；把高科技产业安排在北清路以北，与大学城以路相隔，高等教育与高科技产业区域界限分明，两种功能规模宏大，景致壮观，且因地价便宜，更易吸引投资商。但是北京市区的一些大学为了扩大教学规模，却准备在昌平区，如北七家一带建新校舍，加剧杂乱无章的功能布局。我们认为高等教育基地还是集中在海淀区，从中央党校和国防大学向西北方向沿着山势排列在京密运河两岸。

其三是管理水平。北京市在城市功能规划上控制力度不够，各个投资主体并不考虑城市的整体形象，只考虑自身的投资额度高低和回报快慢，急功近利，或求利润，或求政绩。为改造市区环境，城区的机械制造企业要迁到郊区去，本应当利用这个机遇使分散的机械制造企业集中起来，规划一个区域，建立北京的机械制造产业城。但是，政府只控制迁出，至于迁到什么地方，投资多少，完全由企业自己决定。而企业的取向是离城越近越好，地价越低越好，投资越少越好。郊区为了吸引这些企业带动本地就业和发展，则争相出台优惠政策。结果将使机械制造企业更加分散。集中在一地有诸多好处，便于技术协作，便于形成产业链，便于形成规模，便于建立居住和商业设施及专业技术培训中心，使员工能就近生活、学习和工作。这个企业不用的员工，那个企业可以用，因为技术相关，距离也近。孤立地分散在各郊区县，会丧失所有的优势。在城市功能的规划布置上，在处理集中与分散的关系上，多年来有顾此失彼，急功近利的倾向。在解决旧矛盾的同时就埋下了新的矛盾，这一届政府的业绩可能会成为下一届政府的问题。

第二节　城市核心功能形象

城市的基本功能有9种，北京也一样。但是9种功能形象并不是均衡的，其中必须选择一两种功能作为核心功能，着力打造，这样才能改变“千市一面”的现象，创造出独特的形象。

一、核心功能的决策依据

城市核心功能的确定，主观因素起一定作用，但主要是依据客观的资源因素。

1. 政治资源

一个国家的首都和省会城市都具有雄厚的、其他城市无可替代的政治资源，因此必须、也应当突出政治功能，把政治功能作为核心功能。北京要成为全国的政治中心，各省会城市要成为一省的政治中心。

政治资源分为政治硬件资源和政治软件资源。北京的政治硬件资源较多，党中央、人大常委会和国务院及各部委的办公场所，国家的各种行业协会，各大兵种司令部及国家级新闻媒体全在北京。这些硬件要素天然地打造了北京作为中华人民共和国政治中心的形象。与硬件相关的软件要素，如党、政、军和人代会的各种路线、方针、政策、法令、指示、活动都是以北京为信息源传向全国各地的；国家级媒体天天传出北京的声音，无论你在全国各地什么地方，只要一听《新闻联播》就觉得如同在北京，如同在中央身边。这种天下归一的感受是任何一个城市创造不出来的，只有北京。这是北京最宝贵的、最荣耀的、垄断性的形象资源。北京功能形象不充分利用政治资源就是一种巨大的浪费。各省会城市也同样不能轻视政治资源的充分利用。

2. 经济资源

经济资源是广义的。一是矿产资源。如大庆的石油资源，创造了石油城的核心功能形象；二是运输资源。如塘沽的港口海运资源，创造了港口城的核心功能形象；三是风景资源。如桂林的山水资源，创造了旅游城的核心功能的形象；四是物资资源。如山东寿光市的蔬菜集散地，创造了蔬菜流通集散地的核心功能形象；五是商贸资源。广州市的商品交易资源，创造了商贸城的核心功能形象；六是技术资源。长春市的汽车制造业创造了汽车城的核心功能形象；诸如此例，还有服装城、小商品城、钢城等等核心功能形象。

3. 文化资源

文化资源分为三类，一类是富有传统底蕴的文化资源，表现为各种古代建筑艺术和文物，这不是仿制所能再造的。多数城市缺乏这种资源，即使上海这样的巨型城市也只彰显了经贸特色，缺乏古代文明风采。相反，苏州和杭州文化资源都比上海丰富。北京是中国乃至世界传统文化资源最丰富的城市，皇宫、园林、寺庙、街景、胡同、民宅处处有历史景观。第二类是富有现代气息的文化资源，表现为各种娱乐和享受项目。如美国的迪斯尼乐园，新加坡的海洋馆，香港的赛马场，北京科技馆，等等。这些项目与传统文化项目相比，底蕴不足，快乐有余。前者属于赏，后者属于玩。共同点是赏的是文化，玩的也是文化。第三类是文化产品。包括古玩、工艺品、图书、音像产品等。人们去一个国家、一个地区主要欣赏和采购的是这类文化产品，因为这是本国和本地所缺少的。而生活必需品，在世界经济一体化的进程中，完全没有民族特色，趋同性越来越强，没有任何文化的魅力。

北京的政治功能和文化功能最强，所以城市核心功能定位为中国的政治文化中心。这个定位充分体现了北京的资源优势。

二、核心功能与其他功能的关系

一些人的思维总是习惯在对立的两极跳来跳去，突出核心功能形象就轻视其他功能形象；突出其他功能形象就忽略核心功能形象，不善于把二者有机地统一起来。

一个城市可以突出一种核心功能，不等于只有一个中心功能。北京是政治文化中心，如果北京当年在全国起步较早的彩电和洗衣机后来不衰落，而是做大做强，像今天的海尔一样，北京成为全国的家电产业制造中心不是更好吗？政治文化中心并不是以削弱经济中心为前提条件的；相反，经济、信息、教育、居住等功能强大，会更有利于打造政治文化中心；相反其他功能衰落了，也会影响政治文化中心形象的塑造。没有足够的产业，不能充分就业，会影响社会安定；没有足够的经济实力就难以修缮古都风貌，就难以更快地改善北京的交通、通讯、居住条件。所以不应当把核心功能与其他功能相对立。

导致核心功能与其他功能相对立的原因不是功能本身，而是功能的设计。经济功能是必不可少的，功能越高越强越好，北京成为中国的经济中心更好。在视觉上冲击不了政治文化中心，条件是政治功能不要分散，适当集中在同一区域，政治功能设施不要与经济功能设施犬牙交错，别让商店、工厂淹没了中央机关。而经济功能的设施也要集中，远离中央机关所在地，甚至分散到远郊区，如同燕京啤酒厂，远在顺义区，北京城区只见酒不见工业，怎么会冲击政治文化中心形象呢？把啤酒厂建在中南海边上，当然会干扰政治中心形象。其次，形成经济功能的要素很多，不同要素形成不同的经济结构，不同的经济结构不仅对政治文化中心产生影响，而且对居住功能等造成影响。比如，上用水多的产业、上污染重的产业会破坏政治文化中心的形象。这不是经济功能造成的，而且经济功能设计造成的，不能把二者混为一谈。核心功能丝毫不排斥其他功能，关键在于如何设计二者的关系。即使北京不以政治文化为核心功能，资源条件也不适宜大搞重工业，特别是冶金和化工产业。

城市核心功能就是城市的总体功能、整体功能。所以核心功能形象也就是城市整体功能形象或总体功能形象。核心功能是全市的中心功能，因此各个局部都要受核心功能制约，为核心功能服务。

三、核心功能的塑造

核心功能应当坚持集中，同时功能要辐射全市、全省或全国。

1．核心功能的集中

城市的核心功能应当集中，这样会形成完整的视觉效应，同时也便于"一站式服务"，一举两得。这种集中是相对的，并不是把不同类型的机关全部安排在一个空间，即使在两个空间，同类机关也要集中在一起，不同机关之间相距不能太远。党中央和国务院在中南海，一墙之隔；人大会堂在天安门广场，与中南海是一路之隔；各部委均在城区；军事机关集中在五棵松一带。

核心功能的硬件如果过度分散，形成一个个孤立的单体，交叉在其他功能硬件之中，就构不成完整的形象，从视觉上突出不了核心功能的形象。

有些城市或区的政府机关由于办公用房问题，分散在城市的四面八方，不仅市民办事困难，寻找机关困难，而且从视觉上似乎"无政府"。

2．核心功能的烘托

城市的各种功能要在服务上烘托核心功能。如交通功能、经济功能、信息功能和管理功能都对核心功能的发挥起着保证作用。在一个中小城市难见警车开道，即使大型以经济为核心功能的城市也少见警车开道。而在首都北京则司空见惯。国宾车和中央高级领导的车通过不仅沿途交警倍增，甚至武警布岗。这种服务从视觉上烘托出政治中心的独有特色。省长出行也不能有这种阵势，唯有首都才有这种景象。在召开党代会、人代会和政协会议期间及各种重大国际会议期间，商品服务、旅店服务、通讯服务及环境、交通管理上，相关部门都加倍努力，以保证会议和活动的顺利进行。这些作法均是核心功能的客观要求。同样，对于以采油为核心功能的大庆市，各项功能均以采油和炼油为服务中心；桂林市的城市各种功能是为旅游核心功能服务的。

3．核心功能的辐射

城市核心功能对城市的其他功能具有吸附力，各项功能要保证核心功能，服务于核心功能；同时，核心功能对其他功能还具有辐射力，各种功能均打上了核心功能的烙印，闪现着核心功能的色彩。

北京市政府提出"创首善之区"和胡锦涛同志要求"北京各项工作要走在全国的前头"，就是要发挥首都城市核心功能的辐射作用。作为政治文化中心，北京在物质文明、政治文明和精神文明上要不断创新，为全国起表率作用。要打造全新的环境，培养首都精神，树立良好风尚，养成文明习惯。全国任何一个地区的人到北京，应从物质环境到精神环境有一种不同一般的美好感受，在各个方面都感受到一种首都气息。建筑是艺术的，交通是便利的，居住是舒适的，生态是优良的，环境是整洁的，商品是丰富的，交往是诚信的，态度是亲热的，历史是悠久的，发展是高速的。只有这种形象才不愧为政治文化中心，只有这样才能在全国产生辐射效应。

核心功能的辐射效应，一个重要标志是城市的各个方面和各个区域的均衡发展，不能出现这一区域发展快，那一区域发展慢，形成两个世界，两种天下，好像有些区域不属于北京；不能这项工作文明，那项工作野蛮。要使各个区域，各项工作都具有政治文化色彩。消灭差异是困难的，但是起码不能落差过大。比如王府井步行街没有痰迹，洁净雅致；而有些街道痰迹遍地。大学教师温文而雅，而城管人员破口大骂。这类矛盾均有损于核心功能形象，必须防止政治中心不讲政治，文化中心没有文化的现象，每一个人的言行举止都体现了政治与文化。

第三节　城市区域功能形象

城市划分为不同的行政区域，每一个区域既有城市的一般功能，又有独特的核心功能，从而形成了既统一，又独立的区域形象。在历史上，区域功能形象的形成带有自发性，现代经济的发展要求政府有意识地策划和打造区域形象，使区域形象的建立成为一种自觉的行为。

一、以功能重组打造区域形象

城市的发展一方面是由点向面扩张，另一方面各种设施、组织和人员又具有向点的倾斜力。最后点的功能不堪重负，不得不进行功能区位再分配，从而为区域功能形象再造创造了外部条件。

1. 城区的扩张与浓缩

北京城起源于莲花池边的一座小城，经历漫长的历史变化，成为六朝古都，面积不断扩大。1949 年，二环路边的东直门一带就是郊区农村。从 1989 年召开亚运会至今，短短十四年时间，城市的楼群淹没了整个北郊农村，从二环扩展到三环，从三环扩展到四环，奥运会场馆建起来，楼群就淹没到五环之外。北城五环之内再也见不到一寸农田了。城东以 CBD 区为动力，不断向通州扩张；城西以中关村为动力不断向西山脚下接近；城南速度虽然慢一些，但是楼群也已涌向南苑。

伴随城区扩张，同时产生了一种矛盾现象，旧城区的楼群更密了，单位和人口也更多了。这是一种向心力作用的结果。旧城区的历史积淀深，城市功能全，因此居民楼、写字楼、商业楼总是在旧城区见缝插针。向外扩张的主要是居住性楼群。这种单位向城内集中，住房向城外扩散的现象，加大了交通的压力，早进城，晚出城，人身疲惫。这种矛盾加大了城市中心区功能的压力。

2. 功能的区位再分配

要减轻城市中心区的功能压力，惟一的办法是把城市的某些功能在不同区域中进行再分配。这种功能分配不是个别的，而是集团式的整体性的。通过功能的区位再分配，分解市中心区的功能，建立富有特色的功能区域。

北京首先要建立政治功能区域，这个区域包括东城区、西城区、崇文区和宣武区。在这个区域中不应当有工业，主要是政府机关、商业和服务业及外交使团。

高等教育功能应集中于海淀区，集中北京的各类大学。凡是新建的、扩建的大学一律安排在海淀区，特别是颐和园山后，建立依山傍水的数十平方公里的大学城，打造全国最大的教育产业。在这个区域不应当有工业，而要建立充足的公寓、餐饮、书店、商场、休闲等服务项目。

高科技产业应集中于昌平区，从北清路到立水桥，北部直达昌平中心区。昌平区与海淀区相邻，二者相辅相成。在一个中关村打造高新技术产业群气度太小，成不了大气候，应当拿出一个区的面积集中打造高科技产业。昌平区已经在小汤山形成了科技农业园区，应把生物工程、集成电路和软件产业移到昌平。目前中关村用于高科技产品经营和开发的建筑物改成学生公寓，或类似新东方一类小规模的民办培训学校教学与办公设施。要使中关村安静下来，今天开发后的中关村还不如昨天，昨天陈旧而不失学院气息，今天繁华却丧失了学院气味。

顺义区应成为北京的机械工业区，建立汽车城和机械城。

怀柔区应成为北京的食品工业区，集中各种食品和饮料加工企业。

密云应为北京的休闲区，建立各种度假村。北京人的第二套住房梦应当安排在密云山区。

以此类推，每个区域都应当根据资源条件和城市核心功能的要求，创造出自身的特色功能形象。

3．区域形象的共性与个性

城市功能从中心区向城市远郊区域的再分配，自然就创造了每个区域的不同功能的特色形象。这种特色形象是建立在坚实的物质基础上的，是抹不掉，打不烂的。有些区域自我标榜为这种特色区，那种特色区，人们走到哪个区都看不出差别，形不成富有视觉冲击力的典型印象。因为各区为了自身利益都在搞大而全小而全，都在不断地跟着风跑。一说高科技有前途，各区全上高科技；一说旅游成热点，各区全打旅游牌，没有古董就仿制古董。如此下去，不仅新的区域功能个性形象打造不出来，连原始的功能个性形象也打光了。城市功能向区域的再分配是在全市集中统一规划下，采用行政命令手段实施的。在指令性功能分配的同时，还要集中统一控制各区自行乱上项目，这样可以从两个方面保证区域的功能特色。

区域的功能特色，就是区域的核心功能。北京是政治文化中心，不等于每个区都是政治文化中心。政治功能集中体现在北京的中心区；其他各区均有各自的核心功能，从而使每个区域形成个性明显的功能形象。

在突出区域个性功能形象的同时，也要突出区域的共性功能形象，不然就不会成为各种功能完善的区域，而功能不完善的区域对人是缺乏吸引力的，即使建立起了厂房，人们也不愿意去就业。北京各个区域的共性功能形象主要表现在两个方面。

一是各区不管核心功能是什么，都要突出政治，突出文化，与北京整体功能相协调。政治和文化是一个广义概念，大到对待国家方针、政策，小到单位内部的权力关系处理，都叫政治；大到上层建筑和意识形态，小到企业柔性管理和员工终生学习，都叫文化。任何单位、任何人都避不开政治文化，政治与文化说到底，就是人与人的某种关系。

二是各区不管核心功能是什么，都要有效地创造优良的居住功能、交通功能、教育功能、信息功能、管理功能及艺术功能。这六种功能是生活和工作必备的条件。例如，大学集中在海淀区，学生可以住校；而中小学则要分散，离居住区较近，所以各个区域避不开教育功能，其他功能亦是如此。

二、以资源开发打造区域形象

城市的各个区域往往有一些自身资源，特别像北京这样的六朝文化古都，每个区都有深厚的文化底蕴。

1. 区域资源分类

城市区域资源的种类很多，城市功能再分配的过程中要尽量与区域资源潜力的开发相协调，但是二者并不是一回事。比如，北京的化工产业区迁往通州，与通州的资源毫无关系，首钢安排在石景山也不是资源所决定的。

不同城市的资源优势不同，区域资源分类也有差异。北京的区域资源可以分为两类。第一类是文化资源。从城八区东城、西城、崇文、宣武、朝阳、海淀、丰台、石景山，到门头沟、通州、昌平、大兴、顺义、怀柔、密云、平谷、延庆、房山十个远郊区，各区有各区的文化资源，如通州是京杭运河的源头。

第二类是自然资源。北京由山区和平原两类地理地貌构成，平原区拥有土地资源，便于建立大型项目，如工业园区；山区有森林、河流、水库、果木、风光等资源，便于打造休闲度假的产业，建立山水城市，使退休者和旅游者有一个良好的休闲生活空间。

2. 区域资源的开发

区域资源的开发要与区域形象创造和区域经济发展结合起来，不能盲目开发。通过区域资源开发要进一步打造区域的独特形象，促进区域经济的发展，加速实现全面的小康社会，为此就要进行认真的策划与规划。区域资源开发要坚持四项原则：

其一，与城市核心功能相一致。北京核心功能是政治文化中心，要保护良好的自然风光和生态环境，因此区域资源开发不能与此相违背，必须协调一致，甚至有所促进。这样就不易发展污染环境的重工业，如水泥、冶金、皮革、化工等产业。

其二，与城市整体需要相一致。每个区域在城市的整体需要中都担当一定的角色，分担了一定的功能，比如密云承担了北京市区的主要供水功能，保持密云水库水源的清洁，关系全市 1500 余万人的生活用水和生产用水，所以密云的资源开发不能影响了全市这“一池净水”。这也是密云对北京核心功能的保证，甚至是城市功能的重要组成部分，没有水的城市就是死城。

其三，构成独特形象要素。同样是开发文化资源，同样打文化牌形象，各区有各区的文化牌。如同扑克牌一样，尽管一副牌有 54 张，却没有一张重复的，而且少一张也不成为牌。通州的运河源文化，丰台和宣武的北京源文化（莲花池），都是文化，却各有特色，互相无法替代。即使同样是长城文化，延庆的八达岭长城与怀柔的慕田峪长城，也是不可替代的。至于自然风光更是千差万别。

其四，具有恒久的经济潜力。凡是自然的、生态的、文化的经济项目，一般都具有恒久的经济潜力。它的功能不是短时间的暴富，而是细水长流的收益。韩国的文化产业、旅游业就是如此。他们不为一时暴富而去破坏自然，而是严格保护自然和人文景观，细水长流地“小富即安”。釜山市政府主要精力不是审批开发项目，而是守住不准开发的地皮，不为经济利益牺牲自然和生态。所以北京区域资源开发必须严格坚持恒久经济潜力原则。在项目上，突出文化产业和生态产业，严禁破坏环境的项目上马，宁可“守穷”，也不“败家”。

3. 区域资源开发规划

为了不破坏城市的核心功能，使区域功能形象与城市的核心功能形象保持协调一致，为防止各个区域从本位主义出发开发资源，盲目追求经济利益，城市的区域资源开发规划必须纳入城市的总体规划之中，不能全权由各个区域自己规划。各区资源开发规划要在城市总体规划的框架内进行。北京市规划委员会应对各区县规划机构实行垂直领导；各区县规划机构不仅受区、县政府领导，而且受全市业务主管部门领导，局部规划不得与全市总体规划相矛盾。同时，各区、县对于全市总体规划中带有长官意志，不合理的功能分配，有权向区、县和市人代会提出复议，抵制错误做法。区域资源开发规划，包括上马各种项目，应当让当地人民群众参与决策，这样会有力地抵制那些只为了长官业绩，破坏生态环境的项目。

三、以区域整合打造区域形象

城市的行政区域划分过小或过大，均不利于功能的发挥和形象的塑造，通过整合区域可以重塑区域功能形象。

1. 区域整合的动因

城市是发展的，改革开放以来北京发生了突飞猛进的变化，城市建设日新月异，农村城市化加速发展，在这种情况下，原来划分的行政区域往往不利于区域功能的有效发挥。

北京的城市区划有必要重新整合。宣武区、崇文区、东城区、西城区处于市中心地带，面积均比较小，特别是崇文区和宣武区面积最小。对于资源整合和开发极为不利。比如莲花池，一半归宣武区，一半归丰台区，对这个重要的文化资源的开发存在体制困难。应当把莲花池全部划归宣武区。方庄与崇文区仅一河之隔，河北面的龙潭湖归崇文区，河南面的方庄归丰台区管。丰台区政府在丰台镇，离方庄很远，而崇文区政府与方庄近在咫尺。崇文区应当扩展到南三环边上。诸如此例数不胜数。

城市区划大小不一的重要原因是早期城区小，郊区大。朝阳区、丰台区等，当时以农业为主。现在城市建设已经淹没了大量农田，城区已经推近到五环路，不少郊区县的城市化进度也大大加快，以县城为中心，不断向四周扩张，建造起卫星城。这样就形成了多点扩张的局面，城区以崇文、宣武、东城、西城为中心向四周扩张，而其余各区、县也以政府所在地为中心向四周加速膨涨。农村越来越少，农田越来越小，高楼和道路越来越多，在这种多点扩张的情况下，有必要进行北京区划的重新整合，更好地发挥各区的功能，打造富有特色的区域功能形象。

重新整合区域的最大阻力不在于市民百姓，而在于各区政府的利益分配。这种利益与公与私皆相关，它关系到各区政府的行政资源的多少。行政资源多，就易于出政绩；行政资源少，就难于出政绩。而政绩佳升得快，政绩差升得慢。因此没有一个区政府愿意把肥肉割出去。这个问题并不难解决，关键看市政府如何正确评估各区政府的业绩。如果能以条件为基础来评价业绩，而不是单纯凭经济指标高低，各区政府不会成为重大阻力。北京的城市区划整合已经势在必行。

2. 区域整合的原则

区域整合应坚持正确的方针原则，避免失误或变来变去，力争一步到位，达到最佳状态。

其一，城郊差异原则。城区划分区域，每个区域的规模要小于郊区，因为城区人口密度大，管理幅度大；郊区的人口密度小，有大片的山区或农田。城市区域划分不能面积均等，要以管理方便有效为准。北京城八区除了朝阳区、丰台区，一般规模都远远小于郊区、县的面积。

其二，区划规模适度原则。无论城区的分区，还是郊区的分区，规模均要适度，过小或过大，都不好。过小，发挥不了规模效果；过大，管理层次增加，加大行政成本。城市区划的规模如同企业规模一样，以规模效益最大为准则，究竟多大规模最好，要具体情况具体分析，也就是逐个个案研究，不可能统一量化标准。

其三，资源有效配置原则。通过整合城市区划，目的在于更好地发挥区位功能，调整资源配置，创造各个区域的特色功能形象。北京城八区和郊区各区县，区域形象定位太杂，甚至各区之间互相重复，这样既不利于北京的整体功能形象，又不利于各区形象。品牌不在多，一个区有一两个品牌在全国闻名，让世界知名就很不错了。同一个区品牌太多，各区之间品牌重复，是城市形象设计和建设的失败之举。越是特别越知名，越是稀少越珍贵。在区域功能形象上，不要贪，贪则无。同一类资源能集中在一个区域尽量分配在同一区域，不要把这种资源切割在两三个区域之中，这样谁也打造不出特色来。

其四，区域品牌功能单纯性原则。任何一个区域都存在着共同的一般性的城市功能，不然就无法生存。但是，从城市总体规划上，从区域自身规划上，要在一两种功能上区别于其他各区县，也就是说全北京的某种功能集中在一个区，只有这样才能打造出品牌功能形象，才能造成世界性影响。一种功能占据一个区的空间，这种功能一定要有规模。做事要成功，要有竞争力，必须做大做强。在现代，小打小闹，雕虫小技已无济于事。北京要发展机械加工业，要么不干，要么大干，一定打造出世界级航母。为此，就要使基地集中，把所有的机械加工类企业全部集中到一个区域之中，把这个区域建设成具有相对独立性的北京机械城。在这种情况下，即使这个区域的山水景观、文化景点、别墅群、商业街等超过了其他区域，也压不住“北京机械城”的功能品牌。因为这种功能是其他区域没有的，同时具有规模优势，别的区想打造也没用。所以在区域多功能的前提下，要突出特色功能，并形成规模优势。

3. 城市区域整合研究

城市区域整合方案的制定是一项大型的系统工程，必须依靠专家的力量，决不能凭主管部门的长官意志。北京市自 1949 年以来，在城市规划和发展上，不断吃长官意志的亏，遗患于子孙后代。

中华人民共和国建立之初，专家建议中央不进中南海。古城墙之内，不是发展，而是完整地保护，作为一个独立的文化区域。在北京的西郊再建一个“新北京”，即北京新区，作为中央办公地和城市发展的重点区域。如果这个方案被采纳，现在的二环路以内，即古城墙之内，全部会被联合国列为人类文化重点保护项目。北京的旅游将是世界无比的。但是，专家意见被否定了。

目前，北京市社科院城市所的专家叶立梅经过深入研究，提出了城区整合的极富创见性的新思路，即将北京市政府搬出城区，减少市区机关众多，交通拥挤的压力；把崇文区与宣武区合并，以便更好地配置资源，形成规模优势，发挥城市功能。这种大胆的、富有科学性的创意，不是专家是想不到的，也不敢想。所以城市区域整合，必须由专家决策，市民参与，政府拍板，而不适宜由政府和人大来决策。因为他们的思维方式、办事方式及利益关系受到多种因素的制约，只有专家处于局外人的客观角度，并具有雄厚的专业知识。所以专家决策是保证城市区域整合成功的关键因素。

第四节　城市外延功能形象

现代城市发展将一些功能逐步延伸到界域之外，既解决了城市自身发展的难题，又促进了周边的城市化，带动了城市之间的隔离带发展。北京在发展过程中遇到四种矛盾，即用水、环保、就业和出海。这四大矛盾的解决离不开城市功能的外延。城市功能形象不仅有内涵形象，还应当有外延形象。

一、界外环保带

生态环境保护是一个地域空间较大的系统，北京水源的供需矛盾和生态环境的现实问题，需要向北延伸城市功能，创造界外环保带。

1．水源环保带

北京是一个缺水的城市，目前的饮用水主要依靠密云水库，水源严重不足。南水北调是个途径，但是水的成本惊人。官厅水库属于河北省管辖，库容量较大，但是由于上游地区河流污染严重，官厅水库里的水不能饮用。如果把官厅水库连同上游的某些区域划归北京管辖，或隶属河北省的关系不变，由北京出资出人监管和安排，就可以在官厅水库周边及各条河道的流域建立环境保护和水源涵养绿化带，打造官厅流域生态环境形象，作为北京的一个旅游区，为当地村民增加收入，让那里果木成林，鸟语花香。同时，北京又增加了一个水源供应地。

2．防沙环保带

东起避暑山庄，南到怀来地区，中经官厅水库。在河北省境内植树造林。山上和山谷种植高大树木，退耕还林，一举多得，既改造了土地沙化的趋势，又改变了生态环境，涵养了水分，并对西北风沙入京起到了一定的阻止作用。特别是对延庆、昌平、怀柔、顺义、密云一线的风沙扬尘减少具有更直接的效果。

3．湿地环保带

北京的东面直达天津，天津地区有许多湿地，号称 72 沽。从北京到天津的沿线也有一些低洼水塘，应当扩大面积，建立芦苇丛生的湿地，不仅生养鱼虾和水鸟，而且湿润空气，减少扬尘。北京的海淀区厂洼一带在 20 世纪 50 年代也有大片湿地，蓝淀厂曾由数片面积极大的苇塘包围着，流水纵横，鱼鸟成群。后来全填平盖楼了，再也见不到一片芦苇和池水了。京津两城沿线不仅应当保存，而且应当扩大湿地，少制造人工公园，多保护自然景观。

二、界外城市带

在农村城市化的进程中，首先应当在城市与城市的隔离区中实现城市化，由两个相邻的城市把隔离区的村镇带起来。

1．交通先行

要接近，先加速。北京与天津之间的距离要接近，就必须采用高速、便利的交通手段。如果一个小时能到达，两地上下班都行。京津之间应当建立高速轨道交通，单独设立双轨，增加对开班次。这对促进两市的旅游、消费、人员交流和经济发展十分有利。周末互往度假应成为家常便饭。交通速度的快捷和方便会把两市之间的村镇经济带起来，同时也为两市的功能外延创造条件。京津两地对开的列车决不应当仅仅终止于中心车站，北京到天津的列车终点站应设在塘沽，拉近北京与海的距离。这样既有利于人员来往，又有利于货物出海。

2. 点状扩展

北京的城市布局是从一点向外扩展，通过环线一层一层连接起来，形成一个越来越大的饼型。这样摊下去，无论城市规模如何扩大，北京总是只有一个中心，外圈无论扩大多远都要到中心地带办事、学习、就业，加大了交通压力和中心的密度。

京津两市之间一旦构筑城市带，大饼型的布局就会被打破，形成两市相向放射发展。放射发展是在快速交通的条件下，从一个个的点做起。比如，北京的化工、冶金等不适于保证城市核心功能的一类企业迁出市界，在京津沿线布点，由化工圈到冶金圈，一个接一个布下去。天津亦是如此，最后两市布点相接。而点又以饼型扩张，吞并农村，使其城市化。例如，以一个大型企业为核心，扩展成产业链，上下游的企业都围绕在这个大企业周围，逐渐发展，吸纳农村的多余劳动力，加快农村城市化进程。

3. 线型布局

点状扩展，一定要线型布局。也就是京津两市要沿着京津快速铁路和高速公路沿线布点。如果双方不按线型布局，而是哪儿地皮便宜就向哪里发展，那么京津两市虽然分离出不少功能，布了不少产业点，这些项目却杂乱无章，布局无序，很难连接起来形成城市带。即使连起来了，也需要漫长的岁月，而有计划地按线型布点，则会一举多得，形成城市带。所以企业迁出市界不能带有盲目性，布点不能带有随意性，要由京津两市和河北省协调规划，统筹安排。不能只顾眼前利益不考虑长远发展。每一个点的定位必须明确，并且不可改变。不能像过去的城市建设一样杂乱无章，功能不明。原则上同类产业集中布点，不准安排不相干的企业进入某一产业带。这样才能保证布局的线型和点功能的清晰度。

4. 融合一体

交通先行、点状扩展和线型发展，为两个城市的连接和融合创造了基础条件。北京和天津分别是城市带的两个中心点，通过产业直线延伸在形象上两个城市完全连在了一起，如同一个城市。

城市的外观形象的连接，首先表现为经济的关联。目前各城市之间均有竞争，主要是政府之间的政绩取向。对于企业来说，天下皆市场，并无过多的地方观念。一旦两个城市连在一起，形成经济共同体，共同利益就大于竞争，优势互补，有利于形成系统效应，加速经济的发展，不仅对两个城市有利，而且对中间地带的发展也有利。其次，城市的连接，最终会产生文化的融合。京津文化各有优长，文化融合对两市也会互为促进。

北京是个内陆城市，尽管离出海口并不远，但是有天津相隔，大有封闭之感。两个城市融为一体，天津港和塘沽新港在视觉上和感觉上如同北京的港口，北京会滋生海洋文化和海洋情结。同时人员和物资出海也更加便利。

三、界外产业圈

京津两地的产业布点应由京津与河北共同规划。

1. 集中三地同类产业

同一地区布置同类企业，不仅有北京的企业，也可有天津的企业和河北的企业及外商企业，形成同类产业圈。同类产业在技术上和用人上有利于互通有无，互相交流，由于生产地集中，可打造地区品牌功能形象，有利于吸引客户。

2. 促进产业链形成

同类企业集中，容易促进产业链的发展，形成规模效益，提升国际竞争力。一些乡镇企业在大企业的指导下，成为同类产业的零配件和原辅料配套加工企业，这些企业的劳动力便宜，供应距离近，会大大降低成本。三地的大企业除了技术人员和管理人员来自城市，企业可以用大量农民工，减少农民向城市拥入，同时也有利于产品在国际市场的价格竞争力。

3. 形成三地利益共同体

三地的企业发展到一定程度，可以互相参股，实行三地股份制企业，你中有我，我中有你，变成三地利益共同体。这种体制可以有效减少三地的利益矛盾，增强了合作基础。最后联合打造巨型产业航母，参与国际竞争。

四、界外就业圈

界外产业圈和城市带的形成，为京津和沿京津两地的河北城乡人民的就业创造了条件，形成了界外就业圈。

1. 人力需求的扩大

工业的发展必然带动第三产业的发展，因为产业圈需要许多生活服务设施。住宅小区的房地产业会不断拓展，为企业和居民服务的银行业、商业、餐饮业、文化娱乐业、交通运输业、学校、幼儿园、医疗卫生业等会逐步建立健全，形成生活服务功能齐全的产业圈。不仅工业生产需要各种类型的人才，第三产业也将容纳一大批劳动力，从而为吸收城市失业者和农村剩余劳动力创造了物质条件。

2. 出界就业的可能性

北京人会不会出北京市就业？回答是可能的，特别是男性劳动力和技术人员更具有可能性。有不少 40 岁以上的职工一年也找不到工作，每月 600 元的工作也难找。失业已经成为北京社会稳定的重大问题，也是政府最关注的几大重点问题之一。在交通快捷便利和生活设施齐全的情况下，北京人出界就业的可能性极大。

北京的工业多数不景气，特别是国有企业，许多员工有一技之长，却难找工作，因为工业处于衰落状态，出界能找到适于自己技能的岗位，他们不会轻易放弃。

3. 出界就业的可行性

出界就业不仅具有可能性，而且具有可行性。第一，不存在户口迁移问题，不用担心叶落归根；第二，界外产业圈离本市较近，交通便利，自己有车的人，每天回家都可以；第三，产业圈的企业不是一般私营小企业，都是在政府主导下迁出去的大企业，实力雄厚，政策性强，有一定的安全感和稳定性；第四，产业圈即是生活圈，地价便宜，生活方便，在当地买房可实现两套住房的梦想，北京城区一套，外地一套。城区住房出租，每月还有收益；第五，政府采取鼓励到界外产业圈就业的政策，会起到激励出京的作用。

出界就业也有利于分散城区人口，减轻城市的各种资源压力。

总之，城市外延功能形象对于北京来说，主要表现为两带两圈。即生态带和城市带及产业圈和就业圈。发展的方位是向北和向东。北部是生态带，东部是城市带，城市带中建产业圈和就业圈。

第四章 城市环境形象细分

城市形象按环境形象可以细分为城市自然环境形象，城市人文环境形象和城市经济环境形象。城市环境形象设计和形象管理可以从这三个层面入手。

第一节 城市自然环境形象

城市自然环境形象分为三类，即天然自然环境形象、人造自然环境形象和合成自然环境形象。绿色北京，绿色奥运要从这三个方面来塑造。

一、城市天然自然环境形象

城市天然自然环境是指城市的地理地貌所形成的自然景观。重庆的山，青岛的海，北京的山、河、平原、所处经纬度、气候，都属于天然自然环境。

1. 天然自然环境是城市形象资源

天然自然环境是一个城市得天独厚的资源，或者是一个城市的先天不足。对先天自然环境要备加珍惜，这是城市先天的形象资源。

城市最美的天然自然资源是背靠青山，面向大海，江流穿城。上海、杭州、青岛、大连、广州等城市均具有完美的天然自然形象资源。内陆城市虽然不可能有海洋形象资源，但是却可能有山更秀，江更美的特色资源。这两种资源包装起来的城市形象可能一点也不比山、水、海俱全的沿海城市差，如桂林市、重庆市、昆明市，都是著名的风景秀丽的城市。

山、水、海齐全的城市之所以先天风景秀丽，是因为三大形象要素具有天然的美学价值。它打破了城市街道与楼宇的单调感和死板。山、水、海都是富有灵性的要素，视觉反差比较大。在钢筋混凝土圈里呆长久了，看见了大江大海，烦燥、干枯、凝固的心立即湿润柔和起来，望着滚滚波涛心胸豁然开朗；大海拥有巨大的视觉和心灵的冲击力量，它与陆地完全是两种对立要素，与城市建筑全然不同。一望无际，碧波荡漾，水天相连，令人心旷神怡。城市与海互相衬托，比二者独立存在更加美丽。可惜多数城市建在平原地带，如果有山，特别是城与山交融在一起，则会减少视觉平淡感，山与城交相辉映，更显秀丽。

北京是一个有山有水的大城市，但是50年来，没有把山与水作为城市形象要素来保护，一切让位于眼前的经济利益，北京的山水受到严重的人为破坏。水的破坏由来已久，永定河的下游基本无水，著名的卢沟桥已经成为干枯的河床上的一座古桥；河床内遍布采沙站点，河床挖得遍体鳞伤。清河及其他河流完全变成臭水渠，远远就能闻到臭气熏天；近看不是清流，而是露天的污水渠道。每条河的支流延伸到市区，所到之处除了污流就是臭气。毫无美感可言。山景也不断遭到破坏，房山区的山角下，建立了燕山化工厂，污染殃及农田和水库，与农民多次发生激烈冲突。后来虽经彻底治理，但化工就是化工，不可能象花果山一样香甜诱人。北京猿人遗址乃历史珍贵保护地，劈山采石烧灰，破坏了山林景观，并向遗址逼近，经市政府多次强力抵制，才杀住开山风。香山公园附近的山坡被开发成别墅区，未奠基楼已为富人所争购光了，香山景观面临蚕食的风险。即使山林果园也布满了钢筋混凝土。海淀区白家疃的山坡上，原本是西郊农场的一片秀丽的果园。山坡与山峰之间形成一条山沟，流水潺潺。山角有古建筑，并有两眼常流泉水，从石雕的龙口吞出，水流如柱。20世纪90年代以来，由于果园经营状况江河日下，最后把整个山坡卖给私人和单位盖房，短短几年时间，整个山坡寸草不生，压满了平房、楼房，昔日景观荡然无存。如果当时政府禁止，即使种满林木，现在也能成为极好的休闲公园。在房地产开发成风和经营不佳的企业四处寻找出路的今天，政府如果对北京山水没有一个统筹的细致的规划，北京的城市形象资源将会越来越少。近两年，护山治水已经引起了市政府的高度重视，河在变清，山在变绿，但是把山水作为北京形象资源来认识，对全市上上下下还有一个较长的过程。

2. 保护城市天然自然环境

破坏了城市天然自然环境，就是破坏城市的形象资源；保护城市天然自然环境，就等同保护城市的自然形象。而自然形象是城市最富有生命力和美感的形象。

保护城市天然自然环境，最有效的方法是不开发。在这方面，我们应当向发达国家学习，开发并不全是好事，保留原始状态可能更有生命力，更能造福子孙万代。

为了保护北京密云水库的水源，也为了保护密云的山水景观，对水库上游和周边地区取消了一切带有污染性的生产企业和项目，禁止毁林垦荒，保持并不断增大林木密度，不准采伐和放牧，用以涵养水份，使密云保持山清水秀的自然景观。对于密云山区来说，不开发就是最好的保护。

保护城市天然自然环境，不仅不开发，而且不污染。一种良好的天然自然景观，一旦受到污染，或处于污染的环境中，就会大打折扣，失去了它故有的光彩。昆明天池是闻名全国的天然景观，一望无际，天水一色。由于化工、钢铁、造纸等企业及生活污水的侵入，曾一度变成了一池“墨汁”，看上去令人极不舒服。所以天然自然景观要保护“质的纯洁性”和历史风貌，这样才具有吸引力和文化力。

3. 天然自然环境的运用

天然自然环境是城市形象要素，才更加值得珍惜；我们不仅要保护天然自然环境，而且要善于运用这些自然环境打造城市的自然形象。

一是借用。即不是开发，而是借用天然自然环境作为城市形象要素。如城市背靠山角，面对大河，就是借用天然景观。2008 年，北京的国家森林公园应建在清河边上，清河从森林公园旁边流过，并连通公园中巨大的人工湖泊，使河水与湖水交溶，更增加森林公园的天然气息。

二是交叉。把天然的自然景观与城市交叉在一起，你中有我，我中有你，相互包容。虽然交叉，但是互不侵犯，依然保持天然自然环境的原始性和完整性。北京的昌平、延庆、怀柔、密云、房山、门头沟在建立山水卫星城的过程中，在适当地点应当采用与自然交叉的方式，不要采用与自然“一刀两断”的方式。北京周边山区较多，但是在城市建设上基本与山一刀两断，西部山区安排了许多污染性工业；其他山区长期处于落后状态，城市就未曾有意识地向山区延伸，与自然交叉。如果 20 世纪 50 年代初在旧城外建一个“新北京”，也许今天北京变成了半个山城。

三是打造。如同重庆市一样，把天然的山地山头打造成一个山城。基本地形是天然的，而街道和楼宇是人工的，处处见天然，又处处见人工。北京应当在充分治理门头沟大气污染的前提下，下马那些污染性企业，把门头沟打造成北京的山水城市，既减少耕地的占用，又有利于创造一个全新的北京形象，同时对于战争也有更强的对应能力。

二、城市合成自然环境形象

城市合成自然环境形象与天然自然环境的区别在于合成自然环境经历了人工的完全改造，是人工与自然的合成。

1. 城市合成自然环境的度

城市的天然自然环境较少保持原始状态，总是经历了人工的雕琢，区别仅仅在于人工加工程度有多少。即使一座山林，往往也经人工修建了通道。但是，不能得出这样的结论；城市天然自然景观是没有一点人工痕迹的景观，凡有人工痕迹就是合成自然景观。城市合成自然景观，人工的比重一般占 30%左右，离开了人工要素自然景观就会完全变成另一种性质。最能说明问题的是北京百望山公园。百望山公园主要是山景，占了 80%以上，只有上山的石道和山上的两三个小亭子是人工开辟和建造的。它纯粹是个天然山景，人工并未改变它的性质。但是，它与未经过人工打造的山林又不同，未经过人工打造的山林几乎很难进入，乔木下面有灌木，杂草丛生，进入要披荆斩棘，步履维艰。百望山公园就是最低层次的合成自然环境形象。城市的合成自然环境形象要把握好人工的度，尽量降低人工比重，多保持自然风貌；不能把自然景观改造没了，仅仅剩下一个原始地形。这样不仅丧失了现代人回归自然的期望，而且消灭了自然发展的历史，把自然环境扼杀了，成了一个没有自然的钢筋混凝土城。过多的人工塑造的自然总是带有假气，远没有原始的、天然的更富有野性的魅力。为什么一些仿古建筑，仿民俗小品失败，一看就假，原因正在这里。

2. 城市合成自然环境的原则

根据城市合成自然环境形象的度，在合成自然环境形象时，应把握一定的原则。

其一，城市自然化。保持大量原始的自然景观。不要对土地见缝插针，遍铺钢筋水泥。对土地要慷慨一些，在城市中给自然留有充足的空间，让森林在城市生存，让鸟儿在城市生存，让动物在城市生存。人不要把城市的地皮占尽了，要与自然共生共荣。城市形象与自然形象要合而为一。城市是山水中的城市，是森林中的城市；山水是城市中的山水，森林是城市中的森林。这是农村城市化的方向，也是北京卫星城的设计模式。

其二，保留原始的自然景观。为了城市自然化，在城市规模拓展中，就不能任意侵吞固有的自然景观。原来的池塘、原来的山村、原来的湿地、原来的河流、原来的湖泊，神圣不可侵犯。门头沟有一栋楼居然盖在河道上，横跨两岸，河道中打柱支撑；顺义有的别墅区也侵入了潮白河岸的泄洪区域。近两年，北京市政府加大了自然原始景观的保护力度，不惜炸掉一些侵犯自然的楼盘。

其三，恢复过去的自然景观。对于天然自然景观不仅要保留，而且由于历史原因消失的自然景观凡是能恢复的一律复原。比如北京的菖蒲河，消失了几十年，北京市政府重新恢复了河道并将两岸建成公园。北京的莲花池是北京早期发源地，湖水几乎枯竭，莲花早已消失。目前莲花池已经复原，并大批栽种莲藕，年年满池荷花夺目。

其四，城乡交织。为什么城市中不能有稻田？不能有农民？非把稻田盖上楼房，把农民转成居民不可？北京的城乡结合部有一些楼群之间夹着麦田、稻田、荷塘之景，道路从其间穿过。这种景观和感觉胜过了玻璃墙的高楼群。它开阔了视野，湿润了空气，调节了色彩，平添了情趣。只要经过田间，顿时感到空气清爽，回归自然。中国农村、北京农村城市化应走城乡交织之路，并控制城市规模，保持城市的自然要素。

3. 扼制与自然争地

保持自然与人工建筑物之间的合理比例，必须立法控制“自然土地”。在城市的发展过程中普遍存在着人与自然争地的惯性。土地原来就是自然的，在土地城市化进程中，建筑密度越来越大，建筑物越来越高，直至全部变成钢筋混凝土的丛林，不少地段，自然全部消失，由天然自然环境到合成自然环境，再到纯粹人造环境。一种没有鲜花、草地和绿树的建筑群，其建筑再艺术，也失去了润性，失去了柔性，失去了灵性，失去了美感。人们感到烦躁与窒息，于是又向自然回归，拆除一部分建筑，增加一部分自然，逐步回到合成自然水准。与其如此，何必当初？所以现代理智的政府在城市建筑之初，或发展过程之中，抗拒住了急功近利的诱惑，通过立法保护城市中的自然地盘，无论多么大的利润引力，也决不拿自然作交易，拿生态作赌注，坚决保护纯自然成份，坚决保持建筑物之间的理想的人性化的距离。北京在这方面存在较大的失控，直到如今还在继续容忍和审批通过那些见缝插针的项目。有些工程原设计比较合理，且已完工，但是由于单位的发展变化，办公用房日渐紧张，于是又向规划部门申请“改造计划”，所谓改造就是扩建、增建，拆矮建高，见缝插针，甚至将原设计方案中的绿地也占用了。不知为什么，规划部门居然批准，造成开发商与业主之间尖锐的矛盾冲突。给人们的感觉是北京除了主要大街的沿街建筑有规划外，其余地方的建筑疏密全然无法，北京应当加大立法保护自然的比重，原则上只能扩大，不能缩小，凡是有碍于此的新增建筑慎批。

三、城市人造自然环境形象

城市人造自然环境形象遍地皆是，花草是人种的，山石是人垒的，湖泊是人开的，瀑布是人控的，等等。

1. 城市人造自然环境形象类别

城市人造自然环境类别较多。北京的人造自然环境应分为四类。

一是院落人造自然环境形象。包括居住区院落、政府机关、企事业单位院落里各种人造自然景观。其要素有树木、花草、池塘、山丘、溪流、瀑布等，用来创造出花园式单位和住宅区。

二是道路人造自然环境形象。街道和公路、铁路两旁建立绿化带，不同的路，绿化方式不同。街道要打扮成花园，公路旁绿草如茵，鲜花似锦，绿树成行；铁路旁则应是数米宽的高大树木丛林带。

三是公园人造自然环境形象。公园的种类很多，有街心公园，一般较小；有地区公园、市级公园和国家公园；有现代公园和古代公园；有一般公园和主题公园；等等。北京多数现代公园全是人造自然景观。山、湖、河、树、花等一切全是人工打造的。如龙潭湖、陶然亭、植物园、大观园、朝阳公园以及 2008 年的国家森林公园，都是人造自然景观。

四是防护人造自然环境形象，如绿化隔离带，城市防风沙带等。这种对城市的局部或整体起防护作用的人造自然环境主要以草木为主，特别是高大树木和耐旱草类，集中大面积种植，形成林海才能起作用。北京目前正在打造这种“绿色长城”。

2. 三种自然环境形象的比较

人造自然环境与天然自然环境相比，植物选择灵活性高。比如，路旁可选种花期最长的品种；公园里可配置不同时间开谢、不同花期长短、不同花型和色彩的花木，创造三季有花，五彩斑斓。而在天然自然环境中就不会有这种配置。人造自然环境植物品种简单，经历了人的意志支配，人活动其中比较方便，而天然自然环境同一空间中植物种类繁杂，且自由自在生长，显得杂乱，无拘束，人活动其中就不太方便。

人造自然环境形象与天然自然环境形象相比，缺乏气势，比较单调、呆板，缺乏天然的无限生机。而现代人回归自然、回归原始、回归真的情结越来越浓重，因此人造自然环境的缺陷会越来越不能令人满意。北京市民初期看到人造瀑布有新鲜感，现在人造瀑布与天然瀑布相比，人造瀑布已不屑一顾了。公园中打造这种东西已毫无美感可言，不如制作小桥流水人家，水要真正流起来，对死水人们也失去兴致。

合成自然环境形象集中了天然自然环境形象与人工自然环境形象的全部优点，是一个城市最适合人与自然日日共伴的自然环境。北京香山公园的魅力就在于此，北京退休的市民不少人天天去香山，百看不厌，百登不烦，就因为其天然成份比重较大。在这一点上除了八大处和颐和园等公园之外多数人造公园都无法与香山公园媲美。

3. 国家人造森林公园的设计原则

2008 年前，北京要在奥运村边建立一座国家森林公园，显然这是一种人造自然环境，在设计和建设上要尽量减少人造之假，创造一种自然逼真的形象。

公园如果没有水，就没有灵性。森林公园应当引清河水入园。让清河水一头能进，一头能出，进出水口不要设闸堵死，这样清河里的游船可以自由出入公园。建造公园水系，可挖土堆山，有山有湖，利用地势落差营造溪流，溪旁种野花、小草，人们来到这里，有一种回归大自然的感觉。

北京现有的公园只注重花木，忽略了动物。公园里只有花木，没有动物，往往显得过于宁静和死气。不少人看一次就够了，特别是对儿童缺乏吸引力。国家森林公园应当大量放养经过驯化的动物，做到天上有鸟，地上有兽，水中有禽。动物、植物与人融为一体。林中应当有亲近人的梅花鹿，岩石上应当有亲近人的小花鼠（松鼠的一种），树杆上应当有亲近人的小松鼠，树枝上应当有亲近人的花喜鹊，草地上应当有亲近人的野兔，草丛中应当有亲近人的山鸡，曲径边应当有亲近人的八哥，池塘里应当有亲近人的金鱼群，湖面上应当有亲近人的野鸭和天鹅……所谓亲近人，最典型的表现就是金鱼追游人，一伸手就跳到你的手心里；小鸟落在你的肩上要吃的；松鼠追着爬到你的身上；所有的动物不是躲人，而是追人、尾随人，以便获得食品和扶爱。这种环境不仅是儿童的乐园，而且是成人的乐园。公园的经济效益将十分可观。

中国人与动物之间的关系在 2008 年之前必须改变。麻雀和松鼠在许多国家不太恐惧人，莫斯科的麻雀在人的腿下钻来飞去的，泰国的小松鼠在大街上爬到人肩膀上要牛奶喝，新加坡的金鱼争先恐后的往人手心里跳……中国的动物视人如鬼，相距很远就逃之夭夭。2008年倘若2万多外国人进入国家森林公园，发现各种动物与人类如此亲近，将给他们留下难忘的印象，更突显了绿色北京，绿色奥运的特点，因为绿色不仅限于场馆区的环保设施，与大环境的绿色相比，场馆区的环保设施，如用太阳能等，不过是雕虫小技。

为了达到天人合一，从现在起，必须做两项工作：第一，在全市和全国培养人们对动物的爱心，以善为本。如果外地人不以善为本，国家森林公园中那些亲近人的动物也难逃厄运。第二，在京郊鼓励有条件的农户饲养并驯化松鼠和飞鸟，由国家森林公园收购。并定期补充，因为难免有自私者将松鼠等私带出园。

四、城市自然生态标志

不少城市有地标建筑，作为自然环境形象优美的城市，还应当有城市的自然生态标志。

1. 树立城市自然生态标志的作用

城市是由村镇发展起来的，这一发展过程的基本特征是钢筋混凝土的空间逐渐扩大，绿色与飞鸟的空间逐渐缩小。市民越来越远离了自然。生活便利和经济进步的同时，人类也受到了自然法则的惩罚：环境污染，生态破坏，心绪焦躁，健康受损。现代城市的发展出现了回归现象，其基本特征是缩小钢筋混凝土的空间，扩大绿色与飞鸟的空间，有些城市甚至为松鼠、狐狸也留出活动空间。在这种大趋势下，每一个城市都应当培养一种生态观念，建立一种绿色文化，树立一种自然形象。为此，有必要确立独特的市花市树市鸟，作为城市的生态标志。

市花市树市鸟具有强烈的视觉效应。凡是到过厦门的人，都无法抹掉凤凰树的英姿，她那平展的绿叶如同孔雀的羽翼，她那火红的花朵叫人痴迷；凡是去过南京的人，忘不了街道两旁那粗大茂盛的梧桐树，她是那样的多彩与华贵。南方有些城市种了不少桂花树，离开十年也能感知那醉人的芳香。东北地区的丹顶鹤、云南的孔雀、内蒙古的百灵鸟等也具有同等视觉冲击力。一看到这些鸟就想到了它们的生长地。人们考察一个城市总是接触到许多纷杂的信息，若干年后，印象全模糊了；但是，对那里独特的鲜花、绿树和鸟儿却记忆犹新，因为这种信息具有单纯性和独特性，给人的印象强烈。所以树立城市形象不要光注意地标式建筑，更要运用绿色生态标志。这是一种活的、充满灵性的标志。

确立市花市树市鸟有利于培养市民的生态观念，建立城市的绿色文化。一种花、一种树、一种鸟，一旦被官方列为本市的标志，就会立即培养市民对这些动植物的特殊偏爱、特殊情感，这种偏爱和情感已经具有了文化色彩。北京发生过这样一件事：一位遛狗的老爷子让狗追咬正在觅食的几只喜鹊，其中一只被咬伤。老爷子去捉它，被喜鹊啄了一口，他气急败坏，打碎了喜鹊的嘴，并用打火机点烧。如果喜鹊列为北京市的市鸟，老爷子未必有这种胆量去伤害它，因为他将遭到众怒。培养对市花市树市鸟的偏爱是一种启迪、一种诱发、一种契机，它会逐渐培养起人们对鲜花、绿树和飞鸟的爱心，对大自然的崇敬和依恋，形成一种绿色文化。在山里生长的孩子敢独自在深山密林中行走，即使是在夜里也较少恐惧感；而城市的孩子却不敢在林中独自行走。即使城里的成年人也没有胆量在夜里穿越完全没有野兽的深山密林。“恐惧自然”的心理已经成了“城市通病”。住在深山里，一年有几个人被猛兽伤害过？而一座大城市每年却有数以千计的人死于车祸。汽车猛于虎，城市人却不怕汽车。任何动植物都灵性，现代科学研究证明，音乐能促使植物生长和牛奶产量增加，而暴力会引起植物恐惧和动物惊慌。要像爱人一样去爱动植物，这应当从确立市花市树市鸟开始。

2. 自然生态标志的选择与塑造

作为城市生态标志的市花市树市鸟的确立，有一个最大的难题就是重复性。重复与特色是对立的，重复是特色的淡化剂。

几个城市用同一种花、同一种树、同一种鸟作为市花市树市鸟是有客观原因的。一是同一经纬度的植物和飞鸟种类的有限性；二是能够在城市生活的植物和鸟类的有限性；三是能够作为城市代表的花木和鸟类的有限性。麻雀各城市皆有，却不宜作市鸟。

有些城市天然拥有市花市树与市鸟。如洛阳牡丹，厦门凤凰树，牡丹江的丹顶鹤等等。这些“生态大使”，已经成为这些城市的天然资源和形象代表。对于大多数城市来说，没有这种优势，必须经历一番决策的过程。

在许多情况下，特色是靠抢先创造的。谁先用了某花、某树、某鸟作为城市代表，谁就拥有了特色。后面的城市再用，就有模仿之嫌。天津市先用月季花为市花，北京也用，由于与天津重复，北京又增加了菊花。

作为主要大城市的市花市树市鸟最好不要重复，天津市树若用银杏，北京可用槐树。北京用花喜鹊作市鸟，天津可以用灰喜鹊。

但是由于植物和鸟类的有限性，重复是难免的，特别是中小城市之间。即使如此，也可以通过其他手段创造出特色来。比如，两个同样以白杨树作为市树的城市，第一个城市均衡地种植白杨树、松树、银杏和槐树，白杨树的特殊地位并未体现出来；而第二个城市的主要干道全是高大的白杨树，走进这座城市如同走进了森林，显然第一个城市的市树并没有给人留下什么印象，甚至人们感觉不到这个城市的市树是什么。而第二个城市给每一个人都会留下“白杨之城”的深刻印象。所以市花市树市鸟不是命名就能起作用的，而要列入城市园林规划，进行巧妙的形象策划与形象设计才能真正产生视觉效果并形成特殊的绿色文化。用同一种植物和鸟类，最后取胜的就在于设计。

为了树立生态观念，培养绿色爱心，不仅一个城市要有市花市树市鸟，而且一个公园、一个广场也应当有自己特殊的生态标志。北京紫竹院公园是北京竹子最多的公园，后来又放养了一群松鼠，更增加了情趣，逗游人兴奋。别小看了一只松鼠，它对公园形象起到了画龙点睛的作用。小松鼠减少了公园人造的色彩，增加了自然氛围，并把静态的草地、树木和岩石变活了。

3. 再造北京的生态标志

北京市政府为 2008 年的奥运会形象定位是“绿色奥运，科技奥运，人文奥运”；同理，北京形象的总体定位就是“绿色北京，科技北京，人文北京”。北京形象定位与奥运形象定位不协调，奥运形象定位就没有保证。北京具有“绿色、科技、人文”三种特色，奥运才容易具备“绿色、科技、人文”的特点。确立北京的市花市树市鸟，是树立北京奥运的绿色形象、生态形象的重要措施之一。

北京的市花定为菊花。但是，菊花属草本，低矮，栽种受到不少制约。北京街面上的主要花木是月季花和攀援蔷薇花。鉴于天津已用月季花作为市花，北京最好用蔷薇花作为市花。理由有七点：其一，蔷薇花属温带和亚热带植物，主要分布在北半球，这与中国的地理位置相一致；其二，蔷薇科种类丰富，象征我们多民族国家和包容性极大的首都。蔷薇类植物世界有 3300 多种，中国有 1000 余种，月季、玫瑰、桃、李、杏、梨、苹果花均属于本科。如同中国容纳外国人，外国也容纳中国人，中国人遍布世界各地；其三，由于蔷薇科内涵丰富，所以以蔷薇为市花外延就扩大了，月季花也可以容为其中。这并不是没有明确界定，蔷薇作为市花，主要是指攀援生长的蔷薇花，如黄蔷薇、粉团蔷薇等。蔷薇为市花既有明确界定，又有外延弹性，符合中国的传统哲学——“大道无形”。不是精确的量化，而是抓住事物的本质；其四，蔷薇不是花中的贵族，如牡丹，而是平常花、普通花、百姓花、市民花。她生命力旺盛，在贫瘠的土地上也能生长，枝繁花茂，溢彩流光，不是以“精”诱人，而是以“众”喜人。一丛蔷薇就构成一面花墙、一展花旗、一片彩霞；其五，蔷薇不是一般草本野花，见风折腰，任人采摘。她外柔内刚，在万花丛中，每根支条都长着利刺，花好看，不好摘。她无私地倾囊地奉出自己全部的美丽，却不容游人有非份之想；其六，蔷薇花期长，特别是蔷薇类中的月季花，在北京能开十个月，直到下雪了，不少花朵仍然在雪中争艳。其七，蔷薇有利于立体绿化和美化，她扎根大地，力求向上，爬满了栅栏，使大地和空中五彩斑斓。

北京的市树当属槐树。槐树具有和蔷薇花一样的品格。北京人称槐树为“国槐”，可见槐树在北京人心中的位置。北京槐树也不是树中的贵族，而是树中的“平民”。在北京的皇家园林和寺庙中主要是柏树、松树和银杏树，槐树并不多。而北京的“四合院”、胡同、居民平房区及街道两旁却有不少老槐树。槐树生命力极强，能活数十年，甚至上百年。他能申能屈，春天发芽，深秋落叶，适应环境变化，力求生长与发展。他喜欢光明，根深叶茂，均速生长，坚实稳定。他刚柔相济，木质坚硬，具有弹性，是树中的栋梁之材，为船舶、车辆、器具、雕刻等广为使用。他多能多艺，夏季开花，花冠如蝶，白里透黄，香漂万里。他具有可塑性、创造性，经过改良，可以开出紫红的槐花，可以变成“龙爪槐”，枝条屈曲下垂，令游人留连忘返。他浑身是宝，无私奉献，中国人给予他许多称号："绿化树"、"行道树"、"建材树"、"药源树"、"蜜源树"、"观赏树"。如槐蜜取自槐花；槐花槐实为凉血、止血药；槐根槐皮煎汁可治烫伤。

北京的市鸟以喜鹊为佳。喜鹊体大，视觉效果好。喜鹊分为花喜鹊和灰喜鹊，一般来讲喜鹊就是指花喜鹊。她体长46厘米，尾巴占一半有余。胸、背及尾巴羽毛黑褐，闪耀着紫色光泽。肚腑部位及背部与翅膀结合处为白色。"黑白分明"和"吉利紫光"为她的"视觉形象。"她是留鸟，不随气候迁移，扎根于自己生长的空间。她同麻雀一样亲人类，营巢于城市和村舍的高树间，与人为伴，较少生活在远离人迹的地方。她具有杂食性，不挑摘，容易生存。她是益鸟，与害虫为敌，为人类保护庄稼。她是生物中最伟大的建筑师，凭着一张嘴，不用任何贴合剂，在树杈上用树枝就能构造起经得住七、八级大风的鸟巢。她是中国老百姓公认的吉祥鸟、报喜鸟，故称之为喜鹊。她是正义鸟，关于她的传说、神话很多，众所周知的就是每年阴历7月7日千百万喜鹊飞到天河为牛郎和织女搭桥相会，故称"鹊桥会"。北京见的最多的鸟除了麻雀就是喜鹊了。北京曾经出现小喜鹊亲百姓的动人事例，有一只小喜鹊天天定时向临近的一位居民住户要吃的，居民摸她她也不躲闪。如果北京有更多的喜鹊消除了对市民的恐惧感，那会为北京人带来多少情趣啊！我们盼着这一天，我们共同创造这一天！北京自清朝就有人鸟同居一城的习俗。据传说，明朝末年明军与清军作战，努尔哈赤身受重伤，一群乌鸦将他掩在身下，躲过了明军的追杀。清兵每天很晚才关北京城门，为了让乌鸦进城过夜。至今乌鸦仍有进城过夜的习惯。北京人应保持爱鸟的传统。

第二节　城市人文环境形象

城市人文环境形象集中表现在城市的精神文明、政治文明和物质文明三个层面，人文北京、人文奥运要从这三个层面来创造。

一、城市人文环境的内涵

要打造城市人文环境和人文奥运形象，前提条件是明析人文环境的内涵。

1. 人文的基本概念

人文是指人类社会的各种文化现象。人文环境说到底就是城市的文化环境。文化有四层含意。首先，文化是指人类创造的物质财富与精神财富的总和。由此可见，城市人文环境既包括精神文明、政治文明，又包括物质文明。城市的三种文明是历史长期演变和发展的结果。

其次文化是指上层建筑与意识形态。包括国家的政治制度和组织结构以及与之相适应的政治思想体系。人文环境的核心是政治文明，没有政治文明，物质文明不会发挥应有的作用，精神文明则失去了基础。

再次，文化是指文治。其对立面是人治与法治。治即治理、管理。文治属于德治，属于柔性管理。企事业单位管理、社区管理、政府机关管理、地区管理、国家管理有三种方式，一种是人治，这是封建式管理，与现代文明格格不入；一种是法治，这是必不可少的；一种是文治，这是最高的管理方式。以法治国与以德治国就属于这两种方式。培养机关文化、企业文化，打造城市形象都是文治的一种方式和方法。

最后，文化是指一般知识。平常讲一个人有没有文化，就是指有没有一般知识。建立学习型组织和学习型社会，应当列为人文环境范畴。

综上所述，除了自然以外的一切东西，包括有形的与无形的，物质的与精神的，全属于人文范畴。整个宇宙只有两种东西，一种是人文，一种是天文。古人把一切自然现象都概括为天文。地球是天体中的一个球体，一个局部，人在地上，同时又在天上。从这个意义上看，地理也是天文。城市人文环境形象实际上包括了自然因素之外的一切要素。

2. 人文精神的历史价值

从历史上看，人文就是倡导以人为本，倡导人性论和人道主义。它是作为封建主义的对立物产生的，是资产阶级反对封建制度的旗帜和精神。从 14 世纪到 16 世纪，人文主义运动遍及西欧各个主要国家。封建统治的基本理论根据是“君权神授”。实际上神只是封建统治者打的一个幌子，其目的是维护自身的专制。人文主义提倡人权，反对君权，提倡人的尊严和价值，歌颂人的智慧和力量，赞美人的完美与崇高；反对封建统治的专横和等级制度，主张个性解放和自由平等；反对禁固人的欲望和思想自由，要求现世的幸福和欢乐；反对封建蒙昧主义，提倡科学文化知识。人文主义在反封建制度的过程中起到了极其重要的作用。

时代不同了，但是人文精神的本质对于今天的城市人文环境形象依然有其参考价值。特别是在中国这种封建制度漫长的国家中，西方的人文精神经过扬弃，完全可以与中国的传统文明有机地结合起来，相辅相成，发扬光大。在由计划经济向市场经济转型的过程中，是以人为本，还是以钱为本？值得反思。从政府到企业主，抓经济，抓效益的同时，出现了一种倾向掩盖了另一种倾向。为什么这几年事故频繁，死伤不断，不顾人命安全的恶劣行径屡禁不止？甚至“非典”温疫横行还对人民封锁消息？一个重要原因就是不以人为本，而以钱（经济）为本。胡锦涛主席对这种恶劣的风气给予了重击！他一上任就提出了全党和政府的座右铭“权为民所用，情为民所系，利为民所谋”。这是中国应有的人文精神。

3. 人文环境的基本要求

城市的人文环境形象必须处处体现以人为本，在实际中必须正确处理许多矛盾关系。

一是精神与物质的关系。人文环境核心是精神因素，城市必须有一种富有特色的精神，没有精神的城市，物质条件再好，也缺乏人文特色，没有感染力。

二是个人与群体的关系。不能忽略每一个个体，必须充分尊重和关怀。个别就是一般，没有个人就没有群体。不关心个人，关心群众就是一句空话、一句假话。

三是生活与经济的关系。经济发展不能以损害人们的生活环境为代价，生活第一，经济第二。污染环境、对员工不负责任等行为，均属于非人性的行为。

四是居民与政府的关系。政府为居民服务，以居民为本，而不是以权力为本，以上级为本，居民对政府官员具有绝对的选举权和罢免权。逐级任命，虚假选举是封建专制的残余，有违人文精神。

二、城市物质形态人文形象

根据城市人文环境的内涵，城市物质形态的人文形象主要由三类要素构成。

1. 文化设施

城市堆满了工厂企业，这个城市就缺乏人文色彩，在视觉上它是一个经济城市而不是文化城市。人文奥运形象要求北京具有丰富的文化硬件设施。北京天然具有这种优势，全国任何一个城市都无法与北京竞争文化形象。文化硬件设施既包括古代的文化硬件设施又包括现代的文化硬件设施。从故宫到诸多的皇家园林、寺庙、教堂、名人故居、传统民宅等都是北京的古代文化硬件；现代的博物馆、图书馆、剧院、音乐厅、展览馆、公园、精品街、特色建筑、街头雕塑等，构成了新的文化硬件要素。没有这些古代与现代的文化硬件要素就无从打造北京的人文城市和人文奥运形象。文化硬件要名实相符，北京的一些文化设施在市场经济环境中，有忘宗逐利的倾向，有的文化设施挂羊头卖狗肉，改成了市场，或兼作市场用地，这与北京的城市性质是矛盾的。作为政治文化中心，文化设施里没有文化活动，反而成了家具展销厅、服装展卖厅，有损于北京城市形象。文化设施的用途应名实相符，韩国有些文化设施平时人也极少，但是宁可空着也不随便转变用途。文化设施应当从文化本身去开发市场。韩国的中小学生上作文课经常购买门票集体到文化设施中去，边玩边记，回校后各自写观感。由于大家写同一个对象，最容易互相启迪，一百个学生，一百种写法，启发性极大。而我们的学生是由老师出题，坐在教室里空想，想不出来就编造。写作能力的提高往往在写作之外，只有提高学生的观察力，才能提高写作力。北京的文化设施不是没有市场，而是没有有效地从文化视角去开发。

文化设施是重要的旅游资源。在世界经济一体化的进程中，现代产品从外观造型到内在技术质量已经趋同，到某国去买现代商品的人越来越少，越是经济发达的国家的游客越不在国外买现代商品，而是选购富有某国民族文化特色的工艺品。北京工艺美术品企业已经全军覆没，一些知名大师怀才不遇，休闲在家，许多绝技后继无人，历史越往前发展越将会使北京悔恨不已。工艺美术品生产企业的倒闭是北京文化产业链的断裂。这种企业不属于夕阳产业，而是朝阳产业。经营不良是体制机制与产品开发和市场定位问题，不应当转行和关闭。北京丧失了自己的一个传统的优势产业。亡羊补牢，可能不晚，有些大师还在，应当补救这个产业。

2. 体育设施

体育设施是城市人文形象的第二个重要原素。北京的体育硬件是全国各大城市无法竞争的第二大优势。原来设施就比较多、比较全、比较好，经过亚运会，打造出了奥林匹克体育中心；再经过 2008 年的第 29 届奥运会，再打造出一个奥林匹克公园，北京在体育硬件设施上不仅在国内，即使在国际上也是出类拔粹的。北京市政府把北京形象定位于全国体育运动中心，全国各种大型体育运动会，国际性各种体育运动会在北京举行，具备了最好的条件。

但是，如同北京的文化设施一样，如果北京市民不经常地大量地使用这些设施，这些良好的硬件就会失去存在的价值，就会成为一批死物，一种摆设，不能更充分地展示人文形象色彩。北京不仅要成为体育硬件中心，而且更重要的是应成为全民健身中心，成为体育城市。体育城市要比运动中心更高。运动中心可以理解为我有设施，外地和外国来用。而体育城市是市民自己充分运用体育硬件设施来锻炼身体。这些设施要对全民开放，价格低廉，退休人员不必把爬香山作为惟一项目了。

3. 教育设施

教育设施是城市人文形象的第三个重要原素。北京的教育硬件是全国各大城市无法竞争的第三大优势。尽管全国各地的名牌大学有些专业比北京大学和清华大学更优长，但是从整体上看，从世界知名度上看，北大和清华至今依然是中国高等教育的两个典型代表。改革开放 20 多年来，北京的高等教育硬件有了突飞猛进的发展，学校规模不断扩大，设施条件空前完善。民办高等教育设施也有了长足的进步。成人教育、职业教育等不同类型、不同层次的教育硬件设施也逐年改善。

全国各地的青年不仅来北京打工，而且来北京就学；有专门就学来的，也有边打工边就学的；只要个人努力，几乎每个青年都能从不同类的大学获得国家认可的学历证书。北京已经名副其实地成为全国的高等教育和职业教育基地。现在制约高等教育发展的因素依然是政府对教育的管理体制，政府在高等教育上依然在干着干不了、干不好、不该干的事情。北京的高等教育应成为北京在世界的人文形象要素中最靓丽的风景线。

三、城市制度形态人文形象

城市的制度很多，其中核心是依法治政。不管好政府，就管不好城市，许多社会问题最终都能从政府那里找到根源，这是一个极为严重的现象。所以北京市政府在全国带头从政府机关入手抓城市环境。

1. 制度人性化

制定制度和执行制度体现人性化原则，这是树立城市人文形象的重要保证。人大立法，政府执法，有法必依，执法必严，这是完全应该的，不然就是政府失职。

但是如何执法，却关系到城市的人文形象。政府机关有时在维持一种秩序环境的同时，又不自觉地破坏了一种秩序环境。有些执法人员不懂行政执法艺术，不懂法律与人性的统一。2003年春节期间一位出租汽车司机因为打人被拘留了，妻子和女儿四处寻人，以泪洗面过年，通过登报和交通广播寻人均无音讯，惊动了无数不相识的“的哥”，他们一边电话安慰家人，一边帮助四处寻找。直到人放回家才知道经过。有的汽车在马路上乱停放，执法人员把车拖走了。车主全家四处寻找“命根子”，直到向保险公司申请理赔才知车并未丢。这些事有损于首都形象，社会影响也极坏。如果换一种处理方式，抓人后立即通知，并安慰家人，则会起到良好的教育作用。拖走车，应立即通知车主交罚款领车。有一部外国影片，骑警牵着一位女犯执行枪决，女犯腿伤很重。骑警下马让女犯骑上去，自己牵着马走向刑场。这是一种刚性形象与柔性形象的有机统一。北京也有少数人性化严格执法人员，有一位执法人员把一位行动不方便的犯人背进了审判厅，在市民中引起强烈的心灵震撼。但是，多数执法人员尚未达到这种现代化水准。这些事情的背后反映了政府的理念存在问题，心中没有普通百姓，不把普通百姓当回事，这种表现本身就是缺乏人文精神，残留着专治主义。

北京市朝阳区城管大队在全国率先引入了企业化的管理方法，在城管大队实施ISO 9000国际标准化管理的认证活动，城管大队的一言一行，一举一动全按标准要求做，有效地制止了城管人员的专横习惯和粗暴执法方式。提升了政府和城市的文化色彩。

2. 制度的合理化

制度不能一刀切，要考虑群众的困难和需要。北京有些交通不便的地方，居民或办事人员下了公共汽车要步行四五里路才能到达目的地。有些三轮摩托车在这些地段做起“非法”经营。但是却方便了群众，填补了公交的空白。政府执法人员只是打击“非法”经营，却不去解决交通不便问题，打掉了“非法”经营，也打掉了群众的便利。政府要么组织人“合法”经营，要么暂时容忍“非法”经营，无论哪种做法都会为群众带来方便。政府只管自己应管的“非法”经营，不管它存在的必然性与合理性。由此看出立法与执法都缺乏以人为本的精神。诸如此例的现象很多，如何从人的需要出发，从实际出发来制定制度是关系群众对一个城市人文精神体验的大事。北京的残疾人可以开三轮摩托车，非残疾人要想自我行路机械化，只能去买汽车。政府鼓励开汽车，年龄由60岁放宽到70岁。目前，现有的汽车已经把路堵严，再增加数量更开不动了。汽车尾气再少，也会比摩托车多。为了环保不让开汽油动力的三轮摩托车，也应当放开电动三轮摩托车或电动自行车。但是，却死卡住不放。这种制度不仅不合理，而且完全无视老年族的人性化需求。北京骑自行车的人占25%，“非典”事发后，预计上升至50%。为了使街道整洁，主要街道上所有的修车点全扫光了。骑车上班和上学的人，一旦车带破裂，只有迟到，走很长的路才能找到一个修车点，等自行车修完了，一上午时间也过去了。主要街道在上下班高峰期应当设立修车点，统一着装，统一工具车，定点服务，这样既保护街道整齐，又方便了群众。由于无视群众，所以制度的人文形象在群众心目中迟迟立不起来，到处都是漫骂制度的声音。文化设施，体育设施建得再多，如果人的心目中对制度没有切实的人文感受，一个城市的人文形象是绝对立不起来的。

3. 制度的效率化

审批制度多如牛毛，一项工作数个部门审，且手续烦杂。但是却产生了一种奇怪的现象，审批部门越多，手续越复杂，这项工作管理越混乱，黑洞越多。药品管理就是典型例子。卫生局、医药局、质检局、技监局、物价局、工商局等等都“管药”，但是假冒伪劣品屡禁不止、药价压得医生自己都看不起病了，零售价成倍高出出厂价。房地产也是如此，开一个楼盘盖几十个章，但是地皮被几番炒卖，一些人空手成了暴发户，而利润是压在老百姓头上的高昂房价。这些审批制度到底起什么作用？养这么一大批管审批的官员有什么意义？国务院体改办专门研究精简审批手续，在他们看来有些机关70%的审批都是没有必要的，但是当动这些制度时，政府机关中从上至下，横加反对。说白了，就是为了保住位置，保住利益。政府在人民之间有其特殊利益，这就是严重的问题了。

由于效率太低，办事太难，一些投资商只好另找市场。西北总想向中央要特殊的政策，有些投资商离开了西北，完全是因为地方官僚的办事效率赶跑的，中央无论给多么好的政策，不停地审批也会把人吓跑。

制度低效率，实质是不站在投资者的心理上和需求上来考虑问题，只是证明权力的存在和神圣，这与人文精神背道而驰。这种体制想在形象客体面前打造人文形象是滑稽的。对于北京来说，制度不脱胎换骨地革命，就没有人文形象，也不会有人文奥运。

四、城市精神形态人文形象

城市物质形态和制度形态的人文环境决定着精神形态的人文形象。

1. 民族精神表现

一个城市从政府到市民应保持优良的民族精神。北京是中国的一个局部，中国人民的民族精神也是北京的民族精神；北京是首都，民族精神体现应当更加充分。一个缺乏民族精神的人，一个歧视自己民族，吹捧外国文明，用以讨好对方的人，连外国人也看不起他，甚至不愿意雇用他。这种事例不是发生一起了。外国人的逻辑是“连本民族都不忠实，还能忠实公司吗?”用中国人的话，就是“有奶就是娘”，崇洋踏祖。无论经济多么发达，还是多么落后的民族，都应当保持着民族精神，民族气节。有没有民族精神是一个城市人文形象好坏的重要因素。民族精神体现在多方面，最主要的是要热爱自己的国家，热爱自己的人民，并为此可以牺牲自己的一切，乃至生命。这不是唱高调，任何国家、任何政治制度下的民族精神都是如此，这是民族精神的共性。每个民族的文化不同，历史不同，因此还形成了个性民族精神。比如，有的国家的人比较正直，大度，富有同情心；而有的国家的人比较圆滑，小气，自私。德国政府和人民发自内心地憎恨希特勒法西斯，同情世界人民遭遇的苦难。而日本政府和许多人的认识与德国完全不同。这不能不从其民族的劣根性去探究原因。中国的民族个性有优点，也有缺点，今天应当发挥优点，抛弃缺点。中华民族的民族精神优点表现在富有同情心、正义感，吃苦耐劳，坚持中庸之道，以和为贵，以忍为上。但是，由于封建社会和小农经济的漫长历史，也形成了固步自封，以己推人，看问题缺乏客观性。克服这种缺点的最好办法就是打开门户，加强不同民族之间的交流，多了解他人，这样才能更准确，更客观地看待自己和别人，自觉地学习其他民族的优秀品质，完善我们的民族精神。日本人如果有我们这种态度，就不会死抱着军国主义情结不放。

2. 国家精神表现

民族精神与国家精神，二者有共性，但也有区别。最典型的例子就是台湾问题，蒋氏父子反对中华人民共和国政府，但是认为大陆和台湾是一个国家的领土。而自李登辉始，则丧失了民族精神，千方百计地把台湾从中国分裂出去。所以民族精神高于国家精神。国家精神有两种理解，一种是等同民族精神，把国家与政府分开；美国人可以反对某一届政府，但不能反对国家。另一种理解是国家精神就是统治阶级精神，就是政府精神。以城市精神形态表现的国家精神等同于政府精神，等同于中央精神。国家精神是城市舆论的主旋律。城市人文形象要与国家精神保持协调，不协调会产生两种问号，要么国家精神脱离实际，缺乏群众基础；要么市民我行我素，缺乏统一意志和组织性。两种情况都不利于打造城市的人文形象。国家精神首要示范者是城市的各级政府，政府行为不仅要体现民族精神而且要体现国家精神，由政府行为启发和带动市民树立国家精神。

3. 城市精神表现

一个没有独特精神的城市是市民缺乏凝聚力的表现，是政府没有深刻理解这个城市的文化底韵，缺乏战略远见和柔性管理能力的表现。任何城市都应当打造自己的城市精神，深圳的发展造就了深圳精神，并形象化为一只拓荒牛的雕塑；而深圳市政府对深圳精神的概括和推广，又进一步张扬和发展了这种精神。

城市精神应充分体现民族精神和国家精神，是民族精神和国家精神的具体化，是理论联系实际的艺术表现。那种传声筒式的宣传和教育方式效果并不好，中央说一句下面传一句，全然没有自己的特色，最终将成为一种没有实际效果的形式主义。上海提出了上海精神，长沙提出了长沙精神，这是城市管理走向一个新层次的表现，塑造城市精神将成为21世纪的城市建设与发展的重要任务和动力。

城市精神是城市人文环境形象的最重要的表现，它使一切死的文化设施溶化了。一个没有精神的城市，文物再多，也无人文形象可言。汉城的历史建筑不少，但是给人留下最深刻、最美好的人文印象的不是这些死物，而是汉城人对中国人的那种亲切感，那种平易近人，艰苦奋斗，随遇而安的生活态度。

4. 组织精神表现

民族精神、国家精神、城市精神应渗入各种组织精神，包括政府机关、企业、事业单位和社区。北京的一些企业在全国往往先开花，先凋零。起大早，赶晚集。缝纫机、自行车、手表、照相机、电冰箱、彩电，等等，起步较早，一度辉煌，就在乐极之后，轰然跨台。企业总是把责任归罪于政府，归罪于体制。的确，这是国有企业失败的极其重要的原因，但是如何回答这样的问题：在同样体制下，山东寿光一个县办小造纸厂，16 年前销售额 800 万元，16 年后 42.1 亿，成为中国企业 500 强？同样条件下，海尔濒临死亡，换一个张瑞敏，海尔就打造成世界级企业？不能回避企业自身的原因，不能回避企业领导人的责任。2003 年 4 月 8 日的《北京晚报》揭示“国企成为职务犯罪重灾区，北京国企三年挖出蛀虫经理 280 名”。

北京的一些实力雄厚的企业跨台，其中一个最重要的因素是没有企业精神，有也是假的，编出来给人看的，没有形成真正的企业精神。一个没有企业精神，没有人文色彩的企业是没有生命力的。据医疗方面的研究，80％的癌症患者是自我吓死的，恐惧降低人的免疫力和抵抗力。没有企业精神的企业是经不起市场竞争的冲击的。企业领导者如果没有身先士卒，与全体员工共命运，与企业共存亡的价值取向，没有不成功便成仁、“置至死地而后生”的决战精神，只想自己镀金升官，只想自己捞一把就走，多好的企业也得跨台；或者自以为是，目空一切，以功臣自居，也难逃厄运。有些企业就是在其最辉煌的时刻完蛋的。至今北京仍然有这样的一些“好企业”，毫无危机感。这就是其死亡的文化。企业要文化化，要打造优秀的企业精神。没有文化的企业不可能为城市增添人文色彩。

5. 市民精神表现

城市没有城市精神，政府、企事业单位和社区等组织也没有组织精神，市民精神就难以打造。因为城市和组织是市民的生活和工作环境，环境是一种物质力量，物质决定意识。人与狼为伍，人也变成狼（狼孩）；虎与人为伴，虎也通人性（驯虎）。人性是环境造就的。狼孩回到社会，四肢行走，吃生肉，发出狼嚎，不会说话，人的智力几乎为零。这种现象足以看出环境对人发展之重要。

市民精神的塑造不是凭空话所能解决的，必须在全社会创造一种尊重人，关心人，爱护人的环境。社会是由强者与弱者构成的，弱者为了挤进强者的行列，不惜代价让子女读书。但是，由于供需平衡规律及其他深层复杂原因，读书也不一定能进入强者行列。整个社会全是大学生，也仍然分为强者和弱者。强者永远是少数，弱者永远是大多数。弱者固然要自强，强者更要同情弱者，帮助弱者。做为个人，应当如此，做为组织更应当如此。一些组织，包括企业、事业、政府机关等，高抬精英，歧视弱者。对精英的态度是“给你还不够，今后再多给”。对弱者的态度是“不好好干就走人!”在一种起码的人格尊严都不讲的环境里，还讲什么精神文明建设?人的天份不一样，生长的环境不一样，因此造成了人的才能的差异，但是只要是人，就要受到同等尊重。

无论强者还是弱者，都有其自私和懒惰的劣根性，因此优胜劣汰是必要的。但是，现实中不少人以优胜劣汰为借口，对弱者的情感、生存毫不负责任。辞退一个努力工作的弱者，对于领导者应当是一件很伤感的事情，而有些领导把它当成儿戏。北京燕丰商场效益很好，是社区商场的一面旗帜，经理坚持“一个也不下岗”。无论强者还是弱者都有归属感和安全感，经理的方针是帮助弱者变为强者。这比用“新陈代谢”和威胁手段更能激发人的内在动力。做为共产党员，特别是领导干部，必须考虑大多数人的利益，而不能光考虑“精英”利益，对弱势群体要有同情心和爱心。许多单位打着改革的旗号，把多数人的收入降低，装在少数人口袋里，越“改革”矛盾越尖锐。拉开较大的档次，分配与贡献对称，这是十分必要的，完全正确的，但是这与同情弱者，关心弱者，甚至照顾一下弱者并不矛盾，反而更和谐。让别人讨饭，自己花天酒地并不舒服。你喝酒吃肉，也要让别人能吃饱;富和穷要保持和谐，这才是一个公正的社会，公正才能稳定，公正才能打造市民精神。

市民精神受城市精神和组织精神影响，而城市精神和组织精神最终要通过市民精神来表现出来。不文明的城市精神和组织精神必然表现为不文明的市民行为。“作诗在诗外”，市民精神要通过城市和组织的行为来塑造，对市民坐而论道，不仅打造不了市民精神，反而制造市民反感。

五、人文奥运形象塑造

北京的人文环境形象是人文奥运的环境形象，没有人文北京，就没有人文奥运。同时，还要塑造赛场人文奥运形象。赛场人文奥运形象由四种要素构成:

1. 奥运公园建设形象

凡是由人工打造的东西，全属于人文范畴。奥运公园的规划布局，景观设计，各种建筑的造型、色彩、风格，都体现着人文色彩。从规划到建筑，从整体到局部均富有中华民族五千年历史的底蕴和现代化的诉求。在这方面，中国有悠久的历史传统。在宫殿、王府和民宅建筑上往往连一个细节的文化内涵都不放过，例如门楣上、墙壁上雕刻一种什么花、什么草、什么果、什么鸟都极有研究，雕葡萄寓意人丁兴旺，雕鹌鹑寓意家庭平安，等等。人文奥运在规划和建筑上应有淋漓尽致的体现。

2. 奥运会标识形象

奥运会的标识有多种，如场馆标牌、路标、车标等等，核心是第29届奥运会的标志。在申奥时，设计的标志就极富有中国的人文色彩，将中华民族首创的太极拳文化与奥林匹克文化有机地结合起来，由五环组成了太极运动的招式，同时采用中国国画大写意的笔法，潇洒自如，柔中带刚。这就是人文奥运的一种展示。北京人文奥运说到底是中国文化的展示。这种展示应当是无孔不入的，布满了2万外国人的视觉，灌满了2万外国人听觉，渗透了2万外国人的感觉。要做到这一点，就要不轻视、不放过每一个细节。

3. 奥运主人形象

人文奥运要体现出一种主人精神，展示孔夫子"有朋自远方来不亦乐乎"的丰富内涵和中华民族的人情味。每一个北京人，都要牢牢树立主人意识，主人对客人必须客气、热情和礼貌。对于远道来你"家里"看望你的人，即使有不周之处，你也要谅解、要大度、要宽容，因为他是在异乡，举目无亲，你是在"家里"，你是主人，你有责任关心他、照顾他。特别是商业、交通、餐饮、场馆、宾馆等直接服务的北京人，你一个人的形象就代表北京、代表中国。服务不仅热情、诚恳而且周全、到位，令客人无可挑剔。对于赛场上的观众，更不要忘记主人身份、主人精神，在他国你作为观众骂别人和在你自己的国内骂别人，使别人的感觉是不一样的。作为主人骂客人，客人会更尴尬、更孤独。这与客人骂客人不是一样的感受。假如你是客人到他国比赛，他国人对你一片骂声，你会感到自己和国家都受到了侮辱。己所不欲，勿施于人。赛场观众骂客人，是一种人性的低劣。骂本国队，虽然没有骂客队那么严重，也是一种极无教养的表现，是一种野蛮文化的展露。所以要通过打造北京精神，避免这种现象的发生。奥运会场的竞技，是国与国的体育效量，极易激发人的爱国心和自尊心，这也是奥林匹克运动的目的之一。"京骂"想用一种极端方式表现爱国和自尊，但事实上是事与愿违，恰恰是这一"骂"，不仅输了比赛，而且输了人格，由一输变为二输，使国家更没有面子。从更深的层次来认识，奥林匹克精神并不是把竞赛作为目的，而是手段，目的是促进人类的文化交流、和平、友谊和发展；中国举办奥运会同样不是目的，而是手段，目的是以奥运促进北京和中国的发展，"加深各国人民之间的了解、信任与友谊"(《北京奥运行动规划》)。

4. 奥运竞争形象

奥运会是个竞技场，口号是"更快、更高、更强"。正是这种性质，才富有吸引力，富有刺激性，才能强烈地激发人的爱国热情和拼搏超越精神。竞争形象的人文精神由四个要素构成。一是公正性，从裁判到运动员和观众，都必须保持公正，不能搞猫腻，作为观众骂赢和骂输，都是不公正的表现。骂赢，就意味你主观认为他不该赢；骂输，就意味你主观认为他不该输。这是一种不客观，不公正的表现，是一种"意识专断主义"和"个人情感强加主义"。二是决战性。不是你输，就是我赢。没有第三条道路可走。"人生能有几次搏"，机不可失，时不再来。必须敢于决战，善于决战。养兵千日，用兵一时，决战决胜，不畏强手。体育比赛既是技能较量，又是心理较量。艺高人胆大，技能是决胜基础。但是，强者对强者，双方都难免有恐惧心理，特别是在比分落后的情况下，恐惧的心理会不断强化。两军交战，勇者胜。勇并不是技能，而是心理。在技能悬殊不大的情况下，心理素质决定胜负。比赛，不仅赛技能，而且赛心理素质。由于心理素质高，险胜对方，往往给人留下更深的印象和更多的人生哲学启迪。沉着、冷静、决心和毅力的表现，能为观众和社会树立良好的榜样。三是团队性，一些集体项目，以大局为重，以团队最终结果为重，不搞个人英雄主义，富有集体荣誉感，为此宁可甘当垫脚石。四是客观性，战败了必须服输，输的原因无非是两种因素，技能或心理。不是技能不如对手，就是心理素质不如对手。如果是团队赛还会因配合不佳而失败，配合不佳也属于技能或心理问题。向人家学习，向人家祝贺，下次再较量，不要忌贤妒能，象一个吃醋的女人。要展示宽广的胸怀，输赛不输人。在人类文明史上，有时输家是英雄，而不是赢家是英雄。“京骂”既输了赛，又输了人。

5. 奥运艺术形象

人文奥运的艺术性不仅表现在竞技场上那些令人叹为观止的技巧和强劲，而且表现在开幕式和闭幕式上主办国的广场艺术上。由声、光、影、物、人、色六种要素，展示着奇妙的构思，绝佳的想象，浓缩着民族文化的特色及其与世界文化的交融。创造巨大的美感和新奇。

总之，赛场人文奥运就要创造出不同以往的、独具特色的建筑形象、标识形象、主人形象、竞争形象和艺术形象。

6. 人文奥运的核心地位

国际奥林匹克运动会的本质就是人文奥运。奥运并不是目的本身，奥运的目的在运动之外。《奥林匹克宪章》规定，“奥林匹克主义是将身、心和精神方面的各种品质均衡地结合起来，并使之得到提高的一种人生哲学。它将体育运动与文化和教育融为一体。奥林匹克主义所要建立的生活方式是以奋斗中所体验到乐趣、优秀榜样的教育价值和对一般伦理基本原则的推崇为基础的。”由此可见，奥运会不过是以体育运动为媒介，沟通各国人民，传播、交流和融合各国文化，取长补短，激发人的奋斗精神，促进人的全面发展，培养各个国家、各个民族之间的友谊，共同推动人类社会进步，坚持和平、民主、正义和自由的原则，创造美好的国际社会。

中国的人文奥运形象，北京的人文奥运形象，赛场的人文奥运形象都要体现奥林匹克主义，是奥林匹克人文精神的具体化和个性化。在绿色奥运、科技奥运和人文奥运的三个概念中，人文奥运居于核心地位。绿色奥运和科技奥运都是人文奥运的派生形象，三者具有内在的联系。

人文奥运与绿色奥运、科技奥运表达了人类与自然的关系。人与自然之间首先是一种被动关系、依赖关系，人是自然的一个组成部分，人离不开自然，人不能胜天。因此，人要崇拜自然、尊重自然。要改变“老子天下第一”的观念和作风，要爱护植物和动物，与其共生共灭。这是2008年奥运会的全新概念，全新形象定位，就这一点，也是历史上最好的一次奥运会。

科技奥运反映了人与自然的第二层关系，人在自然面前具有主动性和创造性。

人能认识自然现象，也能认识自然规律，并运用自然规律创造科学，发明技术，从而合理地运用自然，有效地保护自然和在一定层面上再造自然。如植树造林，固沙绿化，就属于有限再造自然。

人与自然的两种关系都离不开人文理念，没有正确的人文理念，人会破坏自然；科技会与自然相互对立，例如运用物理和化学技术的同时，就是对生态的破坏。

2008 年的奥运会，要坚持人与自然的统一，办成绿色的、优美的、环保的奥运，人文奥运与绿色奥运的关系体现了文明与野蛮的关系。有绿则文明，无绿则野蛮。因为生态破坏，黄土无边，就无美可言，退回蛮荒状态。

2008 年奥运会要坚持人与科技的统一，办成科技的、现代的、高效的奥运。人文奥运与科技奥运的关系体现了先进与落后的关系。科技含量高则先进，科技含量低则落后。

人文奥运还有效地保证了绿色奥运和科技奥运之间的正常关系，绿色奥运导向科技奥运，科技不能有碍于绿色生态。科技奥运服务于绿色奥运，科技不仅无损于环保，而且促进和扩大环保。

同理，人文北京与绿色北京、科技北京也是这种关系，构成了奥运的外部环境。人文中国、绿色中国、科技中国也是这种关系，构成了北京的外部环境。例如西北沙化不治理，没有绿色的中国，也难保绿色的北京；没有绿色的北京也就没有绿色的奥运。

奥林匹克的人文奥运推动着世界走向美好的未来，北京的人文奥运会推动着北京和中国走向美好未来。这就是人文奥运的目的和本质。

第三节　城市经济环境形象

城市经济环境形象一般由四种要素构成，即产业实力、行政效率、市场潜力和资源状况。北京是政治文化中心，要着力塑造城市自然环境形象和人文环境形象，以便与城市形象定位相协调。但是市民要就业，要实现全面小康生活，就绝不可忽略经济环境形象。

一、城市产业实力

产业由相关的企业构成。产业实力或企业实力是构成一个城市经济形象的核心要素。

1. 城市经济的形象代表

产业或企业是城市经济的形象代表。包头钢铁公司成为包头市的经济形象代表，在人们的观念中，包头市与包钢基本划等号，包头就是包钢，包钢就是包头。大庆市与石油划等号，讲大庆就想到油田和石油加工。包头市被称为钢城，大庆市被称为油城。可见产业形象对城市形象的塑造力。

一个城市拥有一家巨型企业，企业与城市齐名，这个城市的形象不仅被公认为经济城市，而且是特色经济城市。北京作为政治文化中心，即使有这样的巨型企业也不宜全市打这种经济牌，因为它会冲淡城市形象定位。但是，把这种企业放在北京一个区里，全区为这个巨型企业所“统治”，这个区可以打特色经济牌，这不仅无损于北京政治文化中心形象，反而会增加北京的色彩，使其形象更饱满，更富有示范效应。北京各项工作要走在全国前面，当然包括经济。

对于北京等多数城市来说，较难打造单一的全国规模最大的企业，往往是多种产业争奇斗艳。但是，如果这些产业中没有在全国具有强大竞争力的企业，没有列入百强中的企业，没有领头羊的企业，就不足以支撑这个城市的经济形象，就不足以造成全国性企业形象影响力。实力强大的企业已经成为一个城市的经济形象，一讲海尔，就想到青岛市；一讲电力机车，就想到株洲市；一讲联想，就想到北京。北京要树立城市的经济形象，必须打造一流的企业和产业。

2. 城市产业类型的选择

每个城市发展什么产业，打造什么样的经济形象要根据本市的总体形象定位和资源条件来决定。决策失误，损失巨大。北京是政治文化中心，水源缺乏，上重化产业，即使成就再辉煌最后也是死路一条。产业最终的消亡可能不是企业经营因素，而是城市发展方向扼杀了其生存。所以选择城市产业类型决不可急功近利，必须有全局观念和战略眼光。

北京的城市定位和资源条件应当把文化产业作为北京第一大核心产业。文化产业应成为北京经济发展的重点产业。有些人认为这种产业利润小，这是荒谬的。不是产业利润小，而是我们的本事小。美国大片占世界的70%，一个迪斯尼乐园为美国每年带来巨额收益。北京的文化产业资源在全国是一流的，不少资源具有垄断性，北京在这方面无论观念上还是方法上均十分落后。文化产业与北京城市形象定位完全一致，相反，文化产业上不去北京的城市形象定位也无保障。广义的文化产业应当把教育产业和旅游业全包括进去，北京应有大文化产业概念，全方位打造文化产业航母。

此外还应当大力发展医药产业，以生物工程为先导，北京医药产品应成为拳头产品，减少大路货，转向高精尖。中药、西药、保健品形成三大系列，中药要深加工，服务更方便，效果更快速；西药要开发新品种；保健品要更有效，更天然。大力发展高新技术产业如软件产业和电子产业。大力发展房地产业，北京的房地产业属于重点产业之一。随着供需矛盾的缓解，规模会收缩，但是持久的开发和稳定的收益会保持下去。大力发展食品产业。包括奶制品、豆制品、主食品、饮料、酿酒、冷食、快餐食品、疏菜、禽产品、肉食品等。大力发展服装产业，北京服装产业始终打造不起来，北京作为国际化大都市在服装设计开发上应走在前列。不在量上取胜，而在品质和款式设计上引领潮流。以汽车和印刷机为典型产品，不断提高机械制造能力，在全国获得一席之地。

北京可以逐步减少农业，大力发展林业和圈养业，种粮主要用于饲料。这种产业结构与北京山地多是相适应的。环保技术开发和环保产品生产，应是北京的产业选择重点。未来市场十分广阔。特别是直接有关人们生活和健康的环保技术和产品市场潜力更大。

酒店、餐饮、交通、运输、家政、医疗、卫生、安全、邮电、通讯、商业、金融、保险、证券、网络等等，这类产业既为市民服务，又为其他产业和政府机关服务。

北京的冶金和化工企业应当迁出北京，另谋发展途径。

3. 产业实力的打造

北京的产业实力长期以来处于昙花一现的状态，缺乏持久的生命力。有行政干预过多，成长机制不足，创业环境不佳等多种因素，其中最值得引以为戒的，是创业的机会主义倾向，"换戏"的频率过快，没有百折不挠地把一个产业坚持到底，做大做强。温州大多是小商品产业，如服装、鞋帽、打火机、剃须刀等。但是，他们从"小"做起，努力做大做强。打火机和剃须刀产品的国际市场占有率已达70%以上。从单个企业看是家族企业，但是从整个产业看，生产的社会化程度极高，专业分工很细，全市形成了一个个的产业链。每个小零件、小部件都有专业生产厂家供应。由于生产专业化程度高、批量大，因此零件成本低，在国际市场上产品价格竞争力极强，使一些国家千方百计地在"鸡蛋里挑骨头"，采取保护措施。温州的行业协会代表企业在国际上打官司，获得胜诉。北京的企业缺乏这种创业韧性和做大做强的决心，市场稍有风吹草动，就"金蝉脱壳"，逃之夭夭；或更换角色，改产其他产品；或关停并转，从零开始。这样永远打造不出有实力的企业或产业。北京从政府到企业，必须转变观念，不干则已，干则一流，集中精力，打造一批在全国和世界富有竞争力的企业或产业，把规模做大做强，建立完整的产业链。企业或产业不在数量多，而在于质量高，北京有五家像海尔这样的企业，北京的经济形象就会完全改观。2001年以后，北京市政府主导振兴现代制造业，做大做强做优汽车产业，短短两年时间，北京汽车产业已进入全国第四位，直逼第三位宝座。北京的产业就应当这样打造。

二、城市政策环境

对于企业来说，政府的行政效率比廉洁更令他们头痛。因为时间就是金钱。行政效率构成了城市经济环境的重要因素。提高行政效率表现在三个方面：

1. 审批效率

审批过多，过繁是降低行政效率的重要因素，同时也是产生腐败的重要机制和条件。提高审批效率的最好办法是减少审批项目。能由市场原则决定的就不要审批，能由企业决定的就归还企业，能由一个机关审批的就不要两个机关，能在一个机关一站式审批的就不要"运动企业"，能通过网上审批的就不要让企业跑腿。

2．政策松紧

企业适宜在宽松的政策环境中生长，这种政策环境使企业的成本低，减少对政府部门的应酬、应付和应对；企业便于集中精力抓开发和经营管理。相反，政策紧，企业成本高，用于非经营的费用多。政策包括多种，如企业开办政策、投资政策、信贷政策、劳动政策、用工政策、税收政策等。企业总是向最有利于自身利益的空间发展。所以政府的产业政策要制定的科学有效，既兼顾了国家、地方和员工的利益，又为创业提供了宽松的政策空间。想一口咬出血来，最后是把一个个企业逼出本市，税源少了，失业者却多了。城市的经济形象打造不起来，连社会稳定也会受到动摇。

3．执法行为

行政执法行为对于企业的发展具有重大作用，它决定了是李逵打倒李鬼还是李鬼打倒李逵。中国的政府行为与国外有一个重大的不同是，国外审批少，实地检查多；而中国是审批多，实地检查少。因此审批越多越无效，越审猫腻越多，越批假冒越多。执法必须深入实际，依靠群众，把直接检查与间接检查(市场产品抽查)结合起来，使假冒伪劣企业与产品活不下去，净化市场环境和企业，这样才能有效地保证名牌企业及其产品的市场和生长。不打击恶的就是惩罚善的。

行政执法必须公正、廉洁，以事实为依据，以法律为准绳，不能随心所欲，更不能与某些企业勾结，弄虚作假，既欺骗消费者，又保护了落后，打击了名牌大企业。

三、城市市场环境

企业的市场是开放的，并不局限于本地，而是面向全国和世界的。但是本市市场环境对于投资项目和城市的经济形象也有着较大的吸力和功效。

1．购买能力

没有消费就没有生产。生产能创造消费，消费能促进生产。城市的购买能力对城市经济发展具有拉动力，是城市的经济优势之一。北京的出版印刷业占全国同行业数量的70%，因此北京是购买造纸企业产品的大户。全国各造纸企业均在北京设立销售公司。北京也是汽车业的争夺市场。2003年北京市场的汽车销售量达30多万辆，占全国市场的十分之一。城市的消费结构及其变化，购买能力的大小及增长幅度，是促进经济发展的杠杆。

2．资源优势

经济发展需要人、财、物、信息、交通等资源，这些资源状况决定着城市的经济形象和经济发展速度及产业结构。

北京是文化中心，教育发达，人才济济，适于发展文化产业和高新技术产业，如电子、软件及生物工程等。政治文化中心决定了信息资源丰富，声、影、字为载体的国内外各种信息日新月异，应接不暇，为经济发展提供了决策依据。

北京的交通运输四通八达，条条铁路、条条公路、条条航线通北京。中国银行、工商银行、建设银行和农业银行，这四大银行的总部全在北京，其分支机构遍布北京全市。北京的物资资源短缺，其中尤以水资源为甚。这是其经济发展的瓶颈，注定了在产业选择上要保留上节水型产业。

3．竞争能力

竞争能力是指本市企业与国内外进入本市的企业或其产品在市场上的竞争能力。本市企业产品在市场上的竞争力越强，越显示了本市经济形象。北京本地生产的和外地进北京的酒类品种很多，但是北京喝白酒的人平时基本以京酒或北京二锅头为主，啤酒主要喝燕京啤酒。这种消费习惯给人留下了北京酿酒业的深刻印象，体现了“强龙压不住地头蛇”。茅台酒和五粱液固然比二锅头好，但人们消费不起，只有在节日才肯消费。北京人消费本市的产品品种越多，越显示了北京产业的竞争力，越显示了北京的经济形象。当然这不能是地方保护主义的结果，而是人们的自主行为；同时，商场里也不能只有北京产品，那样反而会有损于北京经济形象，在商场中不同地方、不同企业的产品越多越显示北京的经济繁荣形象，这与消费选择是两回事。

四、城市经济环境与其他环境的关系

城市经济环境形象与自然环境、人文环境形象既互相依存，又互相对立，必须保持三种形象的协调。

1．三种环境形象的依存性

城市经济环境形象与自然环境和人文环境形象互相依存，不可分割，相辅相成，互相促进。

城市经济环境形象较弱，实质是城市的经济实力差，人们的生活水平低，财政收入少。这样自然环境和人文环境的创造就会失去物质基础。政府没有足够的财力投入生态和绿色环境建设，投入人文项目建设。在忙于温饱的状况下，人们对花园式环境和人文环境的需求也会降低。一个饿得两腿发软，连走路都困难的人是没有心思去赏花观景的。只有城市的经济实力强大，才能保证充分就业，才能保证收入增长，才能有更多的财力投入绿色生态环境建设和人文环境建设。

而城市的自然环境和人文环境形象良好，又为城市经济发展创造了条件。中外投资商来北京投资办厂，或设立公司总部没有选择自然环境和人文环境差的地方。密云招商引资成功主要凭自然环境吸引商家。中关村高科技产业园区吸引投资，中外商人主要看中人文环境及周边的园林环境。自然环境和人文环境是企业发展的重要资源。企业讲环保，讲生态，讲自然，讲文化，讲学习已经成为时尚，并成为可持续发展的动力和条件。所以三种环境形象具有依存性。

2．三种环境形象的对立性

经济环境形象与自然环境和人文环境形象是统一的，但是处理不好三者的关系，也会发生矛盾。为了发展经济，破坏自然生态环境，最终由于污染严重关停并转，或迁出市中心，甚至迁出北京。为了发展经济损坏人文环境，其中包括两种类型，一种是人文硬件破坏，一种是人文软件破坏。前者如城市房地产开发对自然景观和历史文物景观环境的破坏；后者如经济发展过程中对社会正义和优秀传统的破坏，出现了为富不仁，穷奢极欲，男盗女娼等丑陋现象。经济同自然和人文的对立，不仅将制约经济的发展，而且危及社会的稳定。失去稳定，也就丧失发展。所以三种环境的和谐不是可做可不做，而是不做不行，主观不做，客观就通过惩罚迫使你做。

3. 三种环境形象的同步创造

人类社会是自然的一部分；不尊重自然，人类已经经历了严重的惩罚，并且继续在遭受惩罚，因此城市经济发展，不能以牺牲自然形象为代价。作为经济组织有可能急功近利，特别是私营企业主，为了个人发财不仅不顾社会后果，连员工死活也不当回事。他们破坏自然并不奇怪。但是作为社会公共利益的代表——政府，不能怕损害城市的经济业绩也手软，必须肩负起保护城市长远利益的责任和使命，对以破坏自然来换效益的企业严惩不殆，甚至坚决取缔。经济必须坚持可持续发展方针，与环境保护，与生态改善，与绿色形象同步进行。

由于现行体制的局限性，城市各区县均存在着竞争性，考虑本位利益多，考虑全局利益少。某个项目利大，本应当放在另一个区，但是该区不舍得割肉，怕影响本区的经济利益和政绩。从局部和眼前看有利，但是从整体和长远看却是有害的，不利于本区人文环境形象或自然环境形象的完美。这种现象在全国各市之间，同一城市各区之间全都普遍存在。造成了千市一面，各区一面的呆板划一的形象，不仅未打造出全新的特色城市和区域形象，反而连祖宗留下的特色形象也越丢越少了。

所以要保持城市的自然环境形象、人文环境形象和经济环境形象同步发展，必须克服各级政府机关的本位主义和企业主唯利是图，缺乏社会责任感的两大问题，要有城市形象观念，要为子孙万代负责，要坚持三种环境形象的共同完善。

第五章 城市文脉形象细分

城市的发展历史文化脉络不应隔断和消灭，城市的文脉形象分为古典形象与现代形象。正是古典形象决定了城市的民族文化特征，而现代形象则具有国际一体化的特点。要保持城市的文化吸引力，必须保护古典建筑文化，全面打造城市的民族文化形象。

第一节　城市文脉形象价值

城市发展的历史文化脉络按不同标志分为不同类别，每一类都具有自身的特征和重要的功能，在城市的发展过程中，应当充分开发和利用历史文脉。

一、城市文脉形象类别

城市文脉形象一般分为四类，即现代文化与古代文化，主流民族建筑文化与少数民族建筑文化，世俗建筑文化与宗教建筑文化，本土建筑文化与域外建筑文化。

1. 现代建筑与古代建筑文化

城市是政治、经济、文化长期发展的历史结晶。北京是六朝古都，经历了千年的发展过程，以建筑物为代表的文化脉络勾画了她发展的轨迹。

城市的古代文化形象由古代建筑及其环境布局构成。目前北京存留的古代建筑文化形象从布局上看，分为面状、片状和点状三类。

面状古代文化形象集中于市中心区，构成的要素有故宫、中南海、北海、什刹海、玉渊潭、中山公园、劳动人民文化宫、景山公园、前门大街、大栅栏、琉璃场、天坛公园、钟鼓楼、德胜门城楼、地坛公园、雍和宫、成贤街以及这些皇家建筑群中夹杂的胡同民宅。这种面状古代建筑群虽然其间遭受部分现代建筑的穿插与切割，但是由于布局集中，基本上还没有完全丧失面状整体性。在这个面上，再拆平房建新楼应当坚决禁止，否则将遗恨后代。

片状古代建筑文化形象属于局部集中，是孤立于某一地段的古代建筑片状群体。最典型的是从清华园、圆明园、北大、颐和园、玉泉山和香山一线的“两校四园”。

点状古代文化形象是分散在城区和郊区的各种古建筑和历史遗址，古建筑如八大处；历史遗址如元大都城墙遗址、莲花池北京建都遗址、古运河源头遗址等等。

北京的古代建筑群分为面状、片状和点状只具有相对意义，由于现代建筑不断对古建筑群的侵入，北京实际上已经不存在严格意义上的面状古建筑群，现代建筑有把古代建筑群切割得七零八落，不成体系的趋势，连中南海的古代红墙内也盖起了楼房。这是周恩来和毛泽东去世后，“迫不及待”的工程。今天看来对古代建筑文化具有严重的破坏性。

北京的现代建筑文化的打造，分为三个时期。一期是 1949 年至 1979 年，这 30 年期间北京的现代建筑集中体现在两大项目上，一个是沿长安街搞了十大建筑，包括人民大会堂、历史博物馆、电报大楼、北京站、电视大楼、军事博物馆、民族文化宫、美术馆、首都体育馆等。这些建筑从目前来看基本上是不错的，没有对古城风貌造成较大的破坏，在高度上和建筑风格上控制得比较好。天安门广场的英雄纪念碑后面原来是一片苍松翠柏和花草遍地的公园，公园中间一条人行道连着纪念碑和正阳门，两旁是长椅，既优美又肃穆。毛泽东主席去世后，毁园建堂，导致景观上两败俱伤，既不利于广场和纪念碑的环境景观，又不利于毛泽东纪念堂的环境景观。纪念碑和纪念堂都失去了幽静肃穆之感，陷入烈日和混凝土的双向“爆烤”之中。如果当时选择有山有水之处建纪念堂，辅以雕塑景观和园林景观，纪念堂会成为北京一景。

二期是 1980 年至 2000 年，这 20 年北京的城市建设基本实现了现代化，建筑面积是前 30 年的数百倍。前 30 年北京大部分地段保持了建国前的旧貌，而后 20 年旧貌变新颜，变化速度令世人吃惊，北京人真正体会到什么叫日新月异。北京破旧的建筑物一扫而光，代之以高楼大厦。剩下的只有政府尚犹豫不决的处于面上古建筑群中的胡同和平房。这时北京的新建筑群与发达国家的大都市面貌已经完全相似，导致的直接结果是北京人到外地和外国旅游不愿逛大街和逛商场了，因为全国和世界的现代建筑，甚至现代商品全一样。与此相对立的是，到外地或外国热衷于寻古和拜天（自然景观）及买当地特产。

三期是 2001 年至今，北京获得了举办 2008 年奥运会，从自身的感受中反思外国人对北京的兴趣所在，人们越思考对刚刚打造好的现代化的西式建筑群越恐惧——我们在不知不觉之中已经把北京整形成“国际一体化了”，“千城一面化了”。古都风貌的保护提到了议事日程，连旧城墙的残根也不放弃保护了。一个古城保护期来到了。

中华人民共和国建国初期，专家建议把北京的古城全面保护起来。党中央和国务院的办公地点不放在中南海。在旧北京的城墙之外，再建一个“新北京”，地址选在目前的西四环路两边。由于当时的历史局限性，中央领导未能同意这个方案。

50 多年过去了，今天回过头来反思这个方案，已悔不当初。第一，如果中央办公地转到旧城之外，北京会形成两个中心，不会象现在这样经历了 50 多年的发展也没摆脱一个市中心，旧城的压力越来越大。第二，旧城的古建筑文化不会受到过多的现代建筑的冲击，旧城会作为一个整体列为世界文化遗产加以保护。第三，旧城会成为国内外最重要的最富有吸引力的旅游资源。第四，旧城的改造也会更有余地，打造成更加优美的文化古城。

拆城墙是第二次失误。"文革"中修地铁，把北京雄伟的古城墙拆了，从城墙根开膛修筑了环城地铁，地上则是目前的二环路。城墙是古城的边界，也是古城内外部的天际线。边界一失，古都风貌基本就没有了。城墙制造了古城的历史整体感和文化气势，没有了城墙城中的各种古代建筑有一盘散沙之感，有破碎之感。当时刘少奇等领导建议保留城墙，在城墙上建环城步行花园，不仅十步一景，而且踞高观景，使城区增加一个游览去处。如果城墙不拆，在北京城市建设的第二个时期，楼层高度和造型会有一种天然的制约机制。这两次决策的失误给古都留下了世世代代的遗憾。

2. 主流民族与少数民族建筑文化

中国是个多民族国家，历史上居于统治地位的并非全是主流民族，元朝和清朝就是少数民族统治全国。无论哪个民族居统治地位，北京都是一个包容多民族文化的城市。

元大都的旧城墙遗址，是成吉思汗时期的作品。由于城墙是土堆的，俗称"土城"，土城墙的上下长满了槐树和松树。清乾隆皇帝在荆门一段的土城上立碑题字"蓟门烟树"，至今保留完好。成为燕京八景之一。清朝时期建筑的王府虽多为汉人工匠所为，但是也体现了满人的习俗，皇宫中主建筑上的牌匾皆是满汉两种文字，体现了统治民族与主流民族的双重重要性。

不要说汉族统治时期，即使少数民族统治时期汉族的建筑文化在北京也得到了充分的发展。清朝历代皇帝偏爱江南汉民族的园林艺术，北京的皇家园林中处处可见江南的山水楼阁。

1949 年以来，北京体现少数民族建筑文化的建筑物显著增多，如新疆驻京办事处、伊斯兰商业大厦、伊斯兰经学院、西藏大厦、藏医院等一批少数民族建筑物。特别是中华民族园的建立，集中了 56 个民族的建筑文化特色，创造出了闹市中的边疆山寨风光。走进民族园有与闹市隔绝，回归田园之感。

3. 世俗建筑文化与宗教建筑文化

北京从统治者的皇宫、王府和园林，到平民百姓的胡同街景，都充分体现了历代的世俗建筑文化。同时，也有丰富的宗教建筑文化。据传，宗教建筑文化远早于北京城的历史。"先有潭柘寺，后有北京城"之说家喻户晓。北京的宗教文化建筑是多元化的，不仅有数千年历史的世界一流的汉民族的佛教文化建筑，而且有历史悠久的伊斯兰教、道教、儒教、佛教、天主教和基督教等一批珍贵的历史建筑。不少寺庙气势恢宏、苍松古柏、造型艺术，成为北京建筑文化和宗教文化的宝贵遗产。

自建立宗教场所那天起，活动一直不断，有专职的宗教职业人员管理这些珍贵建筑物，并从事活动。“文革”期间有所冲击，改革开放之后，有了较大发展，满足了不少人的宗教情结的需要。多民族的国家造就了北京多种宗教建筑，如牛街的清真寺，广外的白云观，成贤街的孔子庙，门头沟的戒台寺、潭柘寺，怀柔的红螺寺，王府井的天主教堂等，都是全国著名的宗教建筑文化。

4. 本土建筑文化与域外建筑文化

北京的历史文化建筑不仅体现了本国多民族的包容性，而且体现了世界文化的包容性。北京至今不仅完好地保护着西方的洋楼建筑，也保护着西方宗教文化建筑。不少建筑成为文物保护对象，包括外国传教士在北京的墓地和墓碑也保存完好。王府井古老的天主教教堂，重新整顿和改造了它的周边环境，建立了错落有致的广场。

尊重和爱护西方建筑艺术是自古以来的传统。圆明园公园在西方侵略者焚烧之前，就在显著位置建立了西式的大水法。北京不仅保护外国在北京的传统建筑物，而且从过去到今天，一直允许外教在中国、在北京开展活动。北京的基督教徒越来越多。从静态建筑和动态活动，从过去到今天，北京一直是一个多元化建设文化的城市，一直是一个包容世界的城市。

二、城市文脉形象特性

城市的现代建筑普遍具有共性，唯有古代传统建筑富有民族个性，失去历史文脉就失去了城市的吸引力。

1. 城市文脉的艺术性

北京的传统建筑分为宫殿建筑、店铺建筑、民宅建筑和园林建筑四大类，集全国各地，特别江南建筑之大成，影响远及朝鲜、韩国和日本等邻邦。

在建筑材料上以砖、木、石、瓦为主，技艺绝妙，无以伦比。天坛祈年殿，高 38 米，宽 33 米，圆顶全是瓦木结构，未用一根钉子，建筑技巧令世人称绝。

宫殿建筑的代表作是故宫建筑群。运用宫殿建筑技术的项目还有各种庙宇。神、佛、皇三者的重要拜祭活动和理事场所都是宫殿式建筑，如天坛、地坛、日坛、月坛为神事之地，雍和宫为佛事之所，太和殿为皇事之处。宫殿建筑红墙黄瓦，玉栏碧檐。建筑物座落在高出地面两三米的基座上，神圣而又雄伟，显示了地位的尊贵和力量。

北京的店铺建筑保存较多的是前门大栅栏和琉璃厂文化街。这是北京传统的商业街。街面较窄，店铺有平房，有二层楼房，灰色砖瓦结构，漆柱彩梁，古色古香，门号牌匾考究，号名字体艺术。

民宅分布在胡同两侧，全是一片灰色，灰墙、灰顶，有灰抹的平顶，也有灰瓦坡顶。院门两旁往往有一双石雕门礅，进门从影壁两侧入院。富人住四合院，穷人住大杂院，院内有国槐或枣树。

北京的园林艺术是南北园林艺术的合璧。既有北国的宏伟，又有南国的精巧；既有北方的刚劲，又有南方的柔嫩。亭堂楼阁，依山就势，山石叠奇，小桥流水，长廊环湖，曲径通幽，奇花异草，林木葱笼。至今尚无任何一座现代公园敢与其媲美。

北京的传统建筑布局科学、整齐、合理。正阳门、毛主席纪念堂、天安门广场、天安门、故宫、景山公园、钟鼓楼几大建筑座落在一条笔直的中轴线上。中轴线向南的延长线是前门大街、天桥和永定门。天坛公园紧贴南中轴线的东边；中轴线向北的延长线是鼓楼外大街和北辰路。奥林匹克体育中心和中华民族园分别座落在北辰路的东西两侧。未来的奥林匹克公园将安排在北中轴线的顶端。

东西长安街及其延长线，正打造成中国第一街，由十里长街发展成百里长街，西至永定河畔的山角下，东至古运河的源头，北京的精华建筑和人文景观集中排列在中轴线和长安街的十字两边。

北京是世界绝无仅有的东方建筑艺术宝库。外行看热闹，内行看门道。每一座宫殿，每一个店铺，每一个四合院，每一个园林，在规划学、建筑学、美学和社会学上都内含着深邃的艺术魅力，都有着深刻的背景和内在的哲学。一旦了解和悟出了其中的奥妙无不叹为观止。如前所述，当一个人不了解天坛的祈年殿，可能仅感叹其外在的魅力；一旦了解了这么大的木结构，历经 100 多年，没用一根钉子，即使是一个建筑专家也不能不拜倒在前人面前。

2. 城市文脉的文化性

城市是展现在世人面前的一本书，而北京则是一部巨著。从古代的传统建筑到今天现代化的高楼大厦、立交桥和精品街，使人们看到中华民族过去和今天的物质财富与精神财富的辉煌。中国是世界四大文明古国之一，中国在历史上曾经是世界国力最强大的国家，如同今日的美利坚合众国。从辉宏的宫殿、秀美的园林、典雅的店铺和富丽的四合院，足以看到昔日国力的强盛。同时，从今天的现代化建筑，也能看出我们向发达国家的逼近，看到中华民族振兴的脚步和身影。

从北京的孔庙、雍和宫、清真寺、潭柘寺、天主教堂和基督教堂，能看到中国自古至今文化的多元化，各民族的团结和睦和对世界文化的包容性、接受性和信仰的自由性。

从古代建筑到不少现代建筑，从布局到造型，都体现着特定的思想理念，引起人们的思索，力求读懂它们的内涵，理解其表现的哲理。特别是古代建筑物的文化含量极大，从亭堂楼阁门檐下的名称，到檐柱上的对联、栓梁上的绘画、室内的文物，象迷一样展示在人们面前，让人去读、去悟、去探索背景和来源。对同一种东西，不同人、不同文化层次、站在不同的角度、会做出不同的解释，甚至编出不同的故事。这与现代的缺乏品味的建筑形成鲜明的对照。

3. 历史文脉的记忆性

北京经历了千年历史发展。无论是历史建筑还是现代建筑，对于人来说，都具有记忆的功能。没有历史建筑的城市，就没有历史记忆，拆掉了历史建筑就破坏了历史记忆。在某地住久了，对那里的一草一木都留下了极深的印象。久别几年、十几年、甚至几十年，重返故里，脑海中全是昔日故土的各种景象，历历在目。一旦回到故土，昔日的景象一切全无，连过去的胡同在哪个方位，全找不到了，尽管变成了一片现代高楼，人也会失去亲切感，因为记忆找不回来了。此时如果发现了一个惟一的旧物——一棵熟悉的老槐树，也足以使你掉下泪来！你会象见了久别的母亲一样亲切。这就是城市文脉的记忆效用。拆光了旧建筑，就切断了城市发展的历史，使城市本身失去了发展的脉络；这个城市就减少了可读性，变得简单而苍白。对于人来说，会找不到回味往事的寄情物，这是一种精神痛苦。城市总要发展，总要改造，虽然不能为记忆而抱残守缺，却也不能为发展而割断文脉，使城市自己都失去了记忆。

4. 城市文脉的资源性

各国城市的现代建筑的趋同化、欧美化已经成为不可阻挡的趋势，因为这种建筑造价低，容积率高，占用地面少。各国的城市要保持自己的民族特色，靠现代建筑已无济于事，只有靠传统建筑，无论欧美，还是中国、韩国、日本，都是一样。所以传统建筑成为各国最重要的人文旅游资源。现在旅游资源分为三大类，第一类是自然风光，第二类是人文风光，第三类是娱乐业。北京的自然风光和娱乐业均不是优势，唯有人文风光在世界独占鳌头。所以传统建筑是北京不可忽视的资本。

传统建筑的资源性不仅表现为观赏价值，而且具有重大的使用价值。北京重新修建成片的胡同、大杂院和四合院，比新建楼群成本更低。将平房区的上下水设施改造好，室内设厕所，卖价会高于楼房。平房区会由穷人区变成富人区。既可居住，又可供游人参观，同时也保护了古城民宅，一举三得。

即使宫殿目前也具有三种用途，如劳动人民文化宫（太庙），有些大殿在当培训教室和会议室。建筑物怕闲，不怕用，用是最好的保护。

5. 城市文脉的标志性

历史性建筑成了北京的城市和区域标志。故宫的第一道门——天安门，不仅是北京的标志，也是中华人民共和国的标志。儿歌中唱道“我爱北京天安门，天安门上太阳升”。天安门与北京的联系具有惟一性。

北京的历史性景观也成为各个区域的标志，天坛是崇文区的标志，公园的青砖围墙成了崇文区的天际线。颐和园是海淀区的标志，站在海淀镇的高楼上或行道上，向西北望去，佛香阁构成了海淀区的天际线。故宫构成了东城区的标志。北海和白塔寺的两座白塔是西城区的东西地标。

由于历史建筑为全市和全国人民皆知，因此靠这些建筑容易区分方位，公共交通往往根据这些历史建筑的位置设立站点和命名站名。许多新型建筑的标志性和名气无法与历史建筑相比，除了人民大会堂、历史博物馆等早期建的有政治影响的建筑外，极少有能与历史建筑齐名的现代建筑，所以也就替代不了历史建筑的标志功能。

三、城市文脉的开发

在城市现代化建设中，应当充分利用城市文脉资源，增加城市的文化色彩。中国有悠久的文明史，各地都有丰富的文化资源，应当学会打文化牌。

1．城市文脉现状

城市文脉状况分为五种类型。

第一类，文脉形象突出区。例如北京故宫地段，故宫、中山公园、景山公园、北海公园、劳动人民文化宫在同一区间，历史文脉形象十分突出，文脉资源保护良好。对这种地段要加大保护力度，文脉品牌定位于皇城文化。这里是中国数千年封建社会最高统治者的皇城文化集成。北京这种地方不少，潭柘寺和戒台寺是北京佛教文化集成，白云观是北京道教文化集成，等等。

第二类，文脉形象淡化区。这种区域历史文脉形象的痕迹尚存，但是在外部形象上已经模糊，一些古代建筑进行了现代装饰，有的地方甚至建立了现代建筑。这种地区应当重打历史文化牌，按过去的风貌重新改造，已经建立的现代建筑尽量进行古典装饰。如大栅栏，危破的古建筑可以重建，在入口处应当立牌介绍大栅栏的历史脉络，整条商业胡同完全按古式风貌来装扮，售货员也可穿改造过的古装，起码要穿中式衣服。

第三类，文脉形象消亡区。这种区域在历史上极富特色，随着历史的发展，不仅原来的功能消踪灭迹了，连当时的活动平台也不见了。如北京天桥，过去是街头卖艺的场地，是“穷人的剧场”。演的、耍的人不是“老板”级，观众也不是“贵族”级，台上台下全是穷人，全是平民百姓。不仅许多民间绝活在这个平台上展示，而且许多大师级演员从这里起步。这种地区应当与时俱进，根据时代的变化，适当建筑一些当年的活动平台，不必要照猫画虎，机械地复制“土场子”，重在恢复当时的文化功能。可以按市民建筑文化建筑灰色的简朴的茶楼戏馆和杂耍场。在用途上具有弹性，可用于杂耍，也可用于消夏卡拉OK。回归历史文脉，特别是在活动内容上，只能在一定时间内，如春节，适当复制历史场景和角色，不易完全照搬。市民的文化消费习惯已经发生了变化，机械地复制是经营不下去的。对于这种区域只求形似，不求神似，只要能打起市井文化牌，能保留人们的历史记忆就行了。天桥地区不打昔日的文化牌，它的现代建筑再美，也是一碗没有味道的白开水；而打起市井文化牌，人们每走到这个地方就会回味它的历史，感受它潜在的深厚的文化底蕴，它就不是一个简单的地段了。

第四类，文脉形象无知区。这种区域不是没有历史文脉，它可能是中国古代重大历史事件的舞台，或发源地，但是由于年代的久远，无法考证。考古事业不仅为历史文化研究做出了贡献，而且为打造区域文化品牌提供了依据。城市文脉的开发要充分利用考古发现，把这种发现作为城市发展的文化资源，从多层面多视角去利用这种资源打造城市的文脉形象。在城市的建筑上，城市区域的命名上，交通站点的设计上，文化硬件的建设上，对外的宣传上，用足新发现的历史文化资源，使整个城市或区域的文脉形象丰富而厚实。

第五类，文脉形象空白区。这种区域基本没有什么历史文脉，起码很难在十几年内发现历史遗踪，是一个没有文化记忆的处女地。这种城市或区域千万不可杜撰文化，不可制造假古董，因为这种作法非但增加不了文化色彩，而且对文化是一种伤害。这种城市或区域最好的办法是创造全新的现代文化。一张白纸好写字。不能随其自然，必须事先有明确的城市文化形象定位，打什么牌要非常清楚，并制定出发展规划，各行各业均要遵循。如生态文化、山水文化、经济文化等等，按着城市文化形象定位来建设和发展城市。

2. 城市文脉的发掘

城市文脉的经济文化价值，要求各级政府和企事业单位从不同层面和视角认真发掘。扩大对已知的了解，探索未知的问题。每一种新资料的发现和揭示，都是对城市文脉形象的丰富。

从市、区、县、街道、社区及乡镇，各级政府都应当注重自己所管辖的范围内的城市文脉资源，该保护的保护，该探索的探索。形成上下齐抓共管，层层注重文脉的气象。

企事业单位，特别是那些土生土长的老字号，深入发掘其历史资源和发展脉络，不仅对企业文化形象建设具有重大的现实意义和历史意义，而且对补充和丰富城市文化资源也有重大作用，因为这种单位是城市文脉形象的组成部分。

专家学者应当深入研究城市的文脉，为政府和企业打造城市文脉形象提供决策依据。北京市社会科学院历史研究所历经数年辛劳，编著出版了10卷，3百万字的巨著《北京通史》，而后又分门别类地编写北京的专业史，包括北京城市生活史，北京自然灾害史等。为北京市和各区县塑造文脉形象提供了丰富的信息资源。王灿炽研究员经过多年潜心研究，证明了北京延庆县有明清时期的最大的驿站——榆林驿，同时还查证了延庆与怀来交界处的土木驿和鸡鸣驿。为开发古驿站文化提供了依据。榆林驿周边有官厅水库、野鸭湖、康西草原、八达岭长城等景点，与怀来土木驿和鸡鸣驿距离也不远。

3. 城市文脉形象的推广

城市文脉形象要充分发挥资源性作用，必须提高知晓率和美誉度。为此，就要在视觉上、听觉上和感觉上大力推广文脉形象。

其一，塑造实体形象。修复古代建筑、河流、湖泊、遗址等景观，或重建历史景观。

其二，标示历史文脉。在景观旁建立艺术风格与景观协调一致的标识，用优美的文字写明它的由来与变迁。

其三，张扬文化品牌。对历史景观周边的广场、街道、社区、商场、学校等命名，体现地段历史文化特色。如北京通州区在运河源头修建一座狭长的绿荫广场，北运河从中穿过，命名为"运河文化广场"。

其四，建立区域文物馆。陈列本区文物及历史文化史料。方寸之间能通览区域整个历史文化的发展脉络。

其五，媒体文化传播。著书立说，从各个方面，采用各种方式宣传介绍当地的历史文化和发展进程，培养地区市民文化观念，吸引外部对本地历史文化和民风市俗的偏爱。

城市文脉形象的推广是城市环境建设的重要内容，对于培养市民的精神文明和促进城市或区域的科学文化与经济技术的发展具有重要的推动作用 。

第二节　打造城市民族形象

现代城市存在着"千城一面"的形象危机，克服这种危机必须将旧城保护扩大到创造城市民族形象，坚持民族形象的创造原则，处理好不同风格建筑的比重。

一、现代城市发展的形象危机

现代城市发展与古代城市发展存在着重大区别，古代城市的发展展现的是民族建筑文化形象；而现代城市发展趋向了国际一体化的形象，主要体现了欧美发达国家的建筑文化色彩，产生了千城一面，丧失了民族特色，丧失了城市个性，丧失了城市形象吸引力。

1. 城市形象趋同的经济因素

世界各国的城市，包括北京及中国各地城市的现代建筑风格越来越具有趋同性，共性要素过多，民族要素基本没有。原因是多方面的，其中最主要的是经济因素。

一是建筑材料趋同。不同材料对建筑物风格有一定影响。在欧美的古典建筑中使用的石料多，而中国主要用木料，因此建筑物的色彩不同。现代各国建筑材料是一样的，都是大工业生产的钢筋和混凝土。二是施工方法趋同。各国建筑施工都采用大型建筑机械，效率高。材料和施工方法比历史上任何时代都更便于建立长方形和正方形的标准化楼房。三是价值取向趋同。力求简便适用，节省地皮和成本。四是运作方式趋同，都是通过招标经营单位施工，他们追求的是利润，而不是建筑物未来的历史价值和美学价值。由于这些经济因素，决定了现代城市建筑的共性不断扩大。

2. 城市形象趋同的文化因素

世界各国城市形象趋同的主流方向是欧美建筑模式，或者说是向欧美建筑文化趋同，向经济和文化发达的国家建筑风格趋同。这种发展趋势并不是崇洋媚外的观念决定的，而是发展水平决定的。以北京的立交桥为例，北京这样的东方文明古都建立立交桥肯定有损于古都风貌，但是交通的压力又不能不建立立交桥。立交桥从理论到方法和实践全由西方发达国家创造的。中国要建立立交桥就要向西方学习，打造出来的立交桥本身就是西方文化色彩。所以城市形象趋同是由于国家之间存在着科学技术和文化发展水平的差异，落后国家的现实发展需要学习和引进西方的先进科学技术和文化，这样必然要向某一种主流方向趋同。在这个过程中不可避免地出现一部分人的崇洋心理，把外国的垃圾也当成宝贝，把本民族的优长也视为落后，有意冲淡民族的色彩，加重欧美的色彩，这样就加快和加重了城市形象的趋同化。

3. 城市形象趋同化的后果

城市形象趋同化有好的一面，这就是加速了向发达国家看齐，加快了城市的发展，树立了现代化城市的形象。

但是，另一方面却产生了世界性的灾难。原本五颜六色的世界全变成一种颜色了。在一种颜色的世界里，人的视觉和心理不仅不舒服，而且是痛苦的，因为文化太单调了。人们对世界失去了兴趣，到一个城市不用看全貌，只看两个历史景点就算把这个城市看遍了，因为除了那两个富有传统民族文化特色的景点之外，到处都与本国城市形象是一样的。厌倦了城市文化的人，便向自然寻找寄托，游名山大川，只有自然还保持自己的特色，城市已经全球一体化了。

厌恶千城一面，千国一面的不仅是东方人，西方人也一样；不仅是落后国家的人，发达国家的人也一样，这是全人类的文化灾难。在这种情况下，从西方发达国家开始，注重城市的个性特色，注重城市的历史文脉，立法保护古城风貌，并在全球倡导城市的文化传统和个性。发达国家的有识之士开始重新思考城市的发展道路和未来的方向。在工业社会中，人片面地追求城市的经济功能，忘记和忽略了城市的精神文化功能，没有把城市当作一种艺术品来创造。过度地计较实用，过度地计较成本，而不去打造城市的艺术价值、生态价值、形象价值，不仅未创造新建筑艺术，反而把前人留下来的富有较高的美学价值和民族色彩的建筑“古董”毁掉了。古城保护成了响彻全球的口号，联合国还专门设立了人类著名的历史文化遗产的保护基金，以促进世界各国保护历史文化遗产。越是民族的，越是世界的。无论哪个国家的历史文化遗产，都视为人类共同的。

二、旧城保护理念的局限性

旧城保护、保护古建筑、保护古都风貌、保护历史环境、保护历史文化遗产、保护历史景观、保护历史地段、保护人文环境等等，中国在近几年来，“保护”的概念层出不穷，但是城市的面貌依然一天比一天西化。云南省丽江新区居然整体建成了一个欧洲文化色彩的区域。可见旧城保护理念具有很大的局限性。

1. 内涵的狭窄性

旧城保护，使政府认为只要不拆除重要的历史景点，其余地方可以自由塑造。在这种思想的指导下，城市的欧美式建筑越来越多。有的是一栋楼，有的是一个住宅区，有的是整条街全采用西式建筑。开发商大力炒作西式建筑的尊贵和高雅。什么枫丹丽舍、欧陆经典、柏林爱乐等等，不要说建筑造型拙劣地模仿，连雕塑都是一个模子灌出来的，洋女人是赤身裸体，弄姿作态，一律用汉白玉材料；洋男人是头盔铁骑，舞刀弄剑，一律用青铜材料。古城风貌保护的口号喊得再响，也没挡住西化潮流。中国不少城市已经变成了“万国城”。北京也不例外，法国、德国、美国、英国等在北京“全有地盘”。我们不是排外，即使欧美人士对这种现象也是极为反对的。他们尊重和喜欢民族文化，厌恶不伦不类的“文化盲”。2000 年 10 月北京允许美国“星巴克”咖啡连锁店在故宫午门附近开了一家连锁店，对此提出严厉批评的不是北京人，而是来故宫游览的美国人。他们认为咖啡屋与中国故宫人文景观从外部形象到内在文化价值太不协调，主张取缔，以保护故宫的文化环境。人类有共同的文化价值观，共同的美学观念。为了表现北京文化的包容性和多元化，在适当 地方打造一条美国街都行，但是整个城市决不能遍布西式建筑，那样对外国人也没有吸引力了。所以只提旧城保护是不够的，因为其内涵太窄，并不能解决城市发展建设中的根本方向问题。只有提出打造城市的民族形象才能既保护了旧的，又引导了新的。当政府和开发商遵循了打造城市民族形象的理念，就会在民族风格上下功夫，而不会对洋风格走火入魔。

2. 方式的被动性

旧城保护喊的最多的是专家，而居民群众和开发商却极为反对，因为存在着巨大的利益矛盾。北京有许多居民世世代代住在平房里，由于地处皇家园林保护区附近，不准开发，他们上楼的愿望遥遥无期。不少平房并不是坡顶的瓦房——冬暖夏凉。而是灰抹的平顶房——冬冷夏热。多户人家住在大杂院里，下水要一桶一桶往外倒，使用公共厕所，夜里要备尿盆。与上楼居民相比，他们还生活在“原始状态”。他们指责专家：自己住豪宅，欣赏旧景观。“不顾老百姓的死活”。他们恨不得赶紧把北京的所有平房一夜之间推平了。政府处于两股力量的夹缝中间，左右为难。为了政绩和安稳，往往倾向市民，于是一片又一片的平房区硬行推平了，一栋又一栋高楼拔地而起。在老百姓的欢呼声中，古城风貌日复一日地减少了。这种矛盾也是源自旧城保护理论的不彻底性和片面性。城市总是要发展的，市民的生活总是要改善的，一万年太久，只争朝夕，缩在平房里人为地苦熬何时是个头？难道后人只是为了对前人抱残守缺而生活吗？百姓的意见是合理的。能不能既保护古城风貌，又迅速脱离住平房之苦呢？完全可以。那就不是什么旧城保护的问题了，而是打造城市的民族形象。打造城市的民族形象与旧城保护概念的重要区别在于，前者是在发展中保护，而后者是在停滞中保护；前者是在动态中保护，而后者是在静态中保护。发展中保护会产生保护的机制，而停滞中保护是不能持久的，最终是保不住的。

3．投资的单一性

旧城保护谁投资？只有财政投资，开发商不会投资。因为旧城保护是一种公益性事业，其投资回报是潜在的，缺乏明确的对应性，极难实现谁投资谁受益。因此保护的措施迟迟不到位，政府钱多，就保一块，钱少就先放着再说，只要守住了别让人动就行了。而打造城市民族形象的投资主力是开发商，在开发的过程中连同旧城保护一起操作，在保护中有开发，在开发中有保护，最终目的不仅保护了古城，而且为古城牌上绣花，又打造出新的，与古城风貌相协调的新时代的民族建筑艺术品。同时，能很快得到回报。其回报可能比单独开发更高，比塑造假洋楼更合算。

4．保护观念更新

旧城保护概念内涵的狭窄性导致了洋楼吞旧城；方式的被动性导致了拆旧机制；投资单一性导致了效率的降低。鉴于此，我们建议用打造城市民族形象这个更广义的概念来补充旧城保护概念。旧城保护是打造城市民族形象的核心，打造城市民族形象是对旧城保护概念的拓展。旧城要在打造城市民族形象中保护和发展；打造城市的民族形象超越旧城保护，城市新的规划、新的布局、新的设计、新的建筑都要充分体现民族传统特色，与旧城形象保持协调，体现民族文化的发展脉络。在城市建筑的色彩上，建筑物的造型上，内外装饰上，环境建设上，小品的雕琢上和用料上，最大限度地体现传统文化特点。

三、打造城市民族形象的原则

打造城市民族形象应当制定明确的方针原则，用以指导政府、开发商和市民的行为。

1．对立与统一原则

为保证城市建筑造型不失控，必须明确提出与西方建筑造型相对立和与中国传统建筑造型相统一的原则 ，一切反其道而行之的行为都属于违规，甚至违法行为。城市规划部门审批建筑项目应增加审批建筑设计理念和建筑造型的内容。把与西式建筑造型相对立作为原则提出来会从根本上削弱崇洋和仿洋的机制，把与民族传统相统一作为原则提出来会从根本上引导开发商按基本定位模式去设计和建设，减少在具体项目具体设计方案上的扯皮现象和审批部门的弹性。

对立不是盲目排斥，不是不吸收西方建筑文化和设计技术的优点。中国建楼房，特别是高层楼的技术远远赶不上西方发达国家。我们的设计和建筑技术就是从西方学来的，我们没有理由和能力排斥和否定老师。我们讲的对立是指风格上、外在形象上不同于西方。与传统保持一致也并不是照搬中国传统建筑的设计和方法，而是与传统建筑的外在形象保持交集。比如，知春里的翠宫饭店，整个建筑基本是西式的，但是门面上加上一个中国特色的琉璃瓦牌坊造型，就深具画龙点睛之笔，顿时产生了民族感。这就符合与西式对立，与中式统一的原则。一栋建筑的民族色彩多少不等，但一定要有，而且不能千篇一律。北京城中，一张图纸多处建楼的现象很多，特别是居民楼，呆板、单调、重复，毫无美学价值。北京地区的地皮已经不多，具有民族色彩的楼房一种图纸只能建一栋，不能重复，每一栋楼都应当是一个景观，都应当是一个惟一的景观。从这个意义上讲，每一栋楼之间在景观上也是对立的，不重复的。未来的北京建设应当是设计专家的舞台，设计专家唱主角，楼盘的价值中设计费应大大提升。

2. 修复与重建原则

对古建筑该修复的尽快修复，拖延越久损失越大，应当运用新技术、新工艺、新材料去修复古建筑，使其抗腐蚀和风化的能力更强。修复古建筑不一定死守旧工艺，只要能保持原貌不走样就行。

太陈旧的，已无法修复的，或早已不复存在的古建筑、古景观能重建的应当重建。包括四合院、胡同、殿堂、王府、古园林等。特别是圆明园，通过征集善款和与开发商合作的方式投资重建，以雪旧耻，扬我国威。

修复与重建的关系要处理好。历史文化贵在真实，无论是何种文物，不在其旧，不在其破，而在其真。因此能修复的，能维持的，就不重建。最重要的具有文物价值的以修复保护为主，一般的四合院等，如果危破过甚，就推倒重建。不同类别，不同方式，因物而异。

3. 复原与创新原则

有一些消逝的古建筑和景观，旦凡能恢复尽量复原，难以复原的能通过创新方式"复原"的，也想办法复原。复原不一定是全方位的，基本要素复原，在此基础上可以进行创新，例如，菖蒲河是流经天安门城楼前的金水河的下游，沿皇城南墙北侧向东，汇入御河。由于河两岸曾经生长着茂盛的菖蒲而得名。20 世纪 60 年代，为了存放节日庆祝活动所用器材，将劳动人民文化宫以东到南河沿的菖蒲河加上了盖板，上面搭建仓库、民房等，从此菖蒲河变成了暗渠。北京市政府为复原皇城文脉，于 2002 年 3 月起封菖蒲古河，并加以创新，建立了菖蒲河公园。公园西起劳动人民文化宫，东至南河沿大街，北起飞龙桥和南湾子等胡同，南至东长安街北侧红墙，面积 3.8 公顷。恢复后的菖蒲河全长 500 多米，水面宽 9 米，河上架设 4 座形态各异的人行桥。其间保护了 60 多棵古树，恢复了凌虚亭等古迹，营造了"红墙怀古"、"菖蒲逢春"、"东苑小筑"、"天光云影"等景色。公园北侧，将建设北京传统民居庭院，这些建筑中有展示历史沿革和风土人情的"皇城艺术馆"，有展示中国戏曲精华和戏曲文化的"小南城戏楼"，有充满自然情趣的"花鸟鱼虫馆"。与菖蒲河相连的御河也于 2003 年重见天日。御河在北京城内流淌了 673 年。御河在元代以前是一条自然河，历经数百年变化，至 1956 年修建排水干线和支线工程，御河最终消失了。御河过去是连接积水潭和大运河北端的通州的水路交通要道，从积水潭向西南，经地安门，过南河沿和北河沿大街出皇城入通惠河。南、北河沿两岸是元代皇城的东墙，城墙到元大内宫墙之间，是皇家库存房和料场。明永乐年间，此处称东苑，有小桥、草亭、竹篱等，富有田园风光。

北京的内城墙是故宫皇城墙，外城墙拆了修地铁，位置就是现在的二环路。有人说外城墙永远复原不了了。其实不然，采取一种创新的方式也可以打造出来。在一定的条件下，可以沿着二环路的内侧，筑起一道与原城墙立体面积大小相同的钢筋混凝土建造的城墙。从外立面看同旧城墙没有差别，从内立面看，则是一座雄伟壮观、四层楼高的环城古典建筑商场。由于二环路内陆续盖起了西式高楼大厦，整体复原城墙已十分困难，可否在尚未被占的地面先恢复几段呢？这样可以使市民和游客登上“城墙”领会古代守城军人的感受和气概。许多事情，通过创新，尚可亡羊补牢，但是由于一错再错，往往连亡羊补牢的机会也被西式的高楼大夏剥夺尽了。

4．改造与仿建原则

目前保护古都重点历史文化遗产不仅没有争议，而且保护范围已经扩大到四合院。2000 年 11 月，北京市划定了 25 片历史文化保护区的保护范围，制定了《北京 25 片历史文化保护区保护规划》，2002 年 9 月又公布了第二批 15 片历史文化保护区名单。累计达 40 片历史文化保护区，其中有 30 片在二环路内，总占地面积 1278 公顷，占古城总面积 21%；加上文物保护单位保护范围及其建设控制地带，总面积为 2617 公顷，占古城面积 42%。

但是，由于古城内，即二环路内已经建立了不少高大的西式建筑，西式的高大建筑已经完全饱和，我们认为在划片重点保护的基础上，应当停止二环路内的一切开发项目，对所有的平房区重新进行整体规划，一概不再盖楼房。二环内重点是改造平房区，保留所有的胡同。北京的胡同及胡同里的平房区是从元代至今最典型的城市街巷，是孕育了 800 年的市井文化。已经拆得够多的了，不管有无所谓的“保护价值”，决不能再拆了盖楼。

对于有保留价值的四合院要保护，太危破的要重建。这是毫无疑义的。没有保留价值的破旧大杂院形成的胡同怎么办？胡同应当保留，大杂院应当拆了，拆了之后不再盖楼，一律按古代四合院模式仿建成四合院。胡同与住宅楼区一样，市政设施齐全，每个四合院上下水齐全，室内有厨房和卫生间，院内种的树木也应遵循传统，一般是枣树和槐树，花木以丁香为主。胡同的宽度不变，不考虑汽车问题，不能把胡同改得四不象。四合院的房屋一般都是大屋顶，青砖灰瓦，门廊较宽，冬暖夏凉，室内有上下水与卫生间，比住楼房更舒服，特别对于老人和儿童十分适宜，由于私密性强，青年人也会很喜欢。

5. 保点与保面原则

古建筑和景观保护，当然要保点，如一个四合院，一个湖面，一条古河，一个园林，一座宫殿、一个寺庙等等。但是绝不止于此，试想，胡同没有了，孤零零的几个四合院卧在高楼群中还有什么韵味呢？景山公园周围若是耸立起一圈高楼，景山还成样子吗？这种状况在国内外均不少见。保护古城不仅保护古建筑还包括保护古城的附属环境，保护古城的周边背景。保护四合院一定连同胡同一起保护。点与面相关，保点就要保面，唇亡齿寒，唇齿相依。为什么说过多、过高的西式建筑破坏古都风貌，为什么说二环路内不能再建西式高楼了，要把仅剩的胡同平房区全部加以改造，使其“现代化”地保存下来，原因就在于要创造和保护古都的环境。平房区和胡同所剩无几，古都风貌也就没有了。那时就不能叫“古都”，只能叫“古宫”，因为只有皇家的文脉，没有百姓的文脉；只有帝王文化，没有市井文化，所以要点面共保。北京市政府已经制定了《北京皇城保护规划》，这是一个点面皆保的规划。重点保护旧皇城，包括皇家宫殿建筑群，坛庙建筑群、皇家园林建筑群、周边民宅建筑群及各种建筑群的周边历史环境。其范围东至东皇城根，南至东、西长安街，西至西皇城根、灵境胡同和府右街，北至平安大街。占地面积 6.8 平方公里。采取点面结合的保护措施。保护区内有各级文物保护单位 63 个，占皇城面积 54%，具有文化价值的建筑和院落有 204 个，占皇城院落总数的 6.3%。在面上，一是新建筑高度不准高于 9 米，大部分平房四合院的高度在 6 米至 7 米之间。控高 7 米以下是为了保持皇城建筑传统的平缓和开阔空间形态。二是道路维持现状，不再拓宽。三是拆除与皇城风貌极不协调的建筑物，退楼还绿，绿地面积达到 33%，达到 226 公顷。四是降低居住、商业、金融业、教育、科研、宗教、福利等用地比例，使保护区人口由目前 7 万人下降到不足 4 万。这种方式我们称之为点面共保。

6. 落差与协调原则

有些地段胡同短，周边已为高楼所圈，保留胡同反而不协调，也可以建楼。但不能建西式高楼，而应当建不超过三层的中式楼房，青砖瓦顶。这样可以减小与古建筑和四合院的视觉落差，保持格调上的和谐统一。在北京市区民房改造中，应当建设中式小楼，可以成排，也可以合围成楼房四合院，入口处也安放门礅和影壁。可惜由于开发商急功近利，建的楼房还不如五环外的楼房造型美观，洋味不足，中味没有，土气十足，有的甚至质量低劣。一些楼与过去的简易楼很相似，严重破坏了城市景观。城区的所有建筑物都应当与古都风貌保持视觉的协调感，不能形成重大的视觉落差。目前已造成大落差的建物并不少见。

7. 保护与应用原则

把古城作为古董摆起来供着，并不能有效地保护古都。建筑物天然与人气相和，越是常住的房子保护越好，越是不住的房子风化和腐蚀得越快。无论是旧建筑物还是改造仿建的建筑物都要充分地利用，在利用中保护，在保护中利用，把保护与利用统一起来。韩国的庆州市基本全是古建筑，是典型的文化城，相当于中国的西安。庆州较少有新的建筑，更没有西式建筑，到处是青一色的韩式古典建筑。有不少建筑都是私人住房和店铺，保护得非常好，连一砖一瓦也不损害，没有人去胡乱改造，大家都安分守己地固守既有的面积空间。给人的感觉是房子使用权是个人的，所有权是国家的，人人都把自己的房子当作文物来对待。居住者和使用者就是古建筑的保护者。未来北京居住和使用四合院的人，包括对四合院拥有所有权的人，也必须有“国家文物”观念，他们拥有所有权和使用权，但是却同时要承担保护义务，没有房屋主体改造权，不能在院内私搭乱建。

8. 市场化与多元化原则

古城保护要以政府为主导，走市场化和多元化吸纳投资的方针，这样会大大加快北京城市建设的民族形象的打造。一般来说，打造城市的民族形象短期内不容易赚钱，反而会赔钱，正因为如此，旧城才会一天一天被蚕食。建一个平房区和在一个平房区地面上建住宅楼，二者的经济效益是无法比的，建平房区恐怕连居民的搬迁费都收不回来。但是长远效益却是巨大的。第一，减少了旧城区的人口，降低了交通成本和压力；第二，改善了城区的生态环境，每个四合院都是一片绿荫，从空中俯视是绿荫掩映下的屋檐，降低了空气的干燥；第三，保护了古都风貌，打造出北京的民族特色，永远消除了千城一面，万国一面的城市发展风险；第四，为子孙后代留下了永久吸引游客的旅游资源。

政府应当采取优惠政策，对改造平房区的开发商免征土地税；给予优惠贷款安置搬迁户；还可以以丰补歉，对改造平房区的开发商批给其他易赚钱的项目。圆明园的重建也可以采用一些优惠政策，让投资商共享门票收入，收回投资再享受一定期量的利润，保证他们期望的投资回报。也可以通过居民自筹，社会集资，国际捐助等方式筹集改造平房区和重建圆明园的部分款项。

四、现代建筑的三种类型比

一个古代文化发达的中小城市在保护古建筑景观文化的基础上，现代建筑也全部采用仿古模式是完全可能的，如山东的曲阜市就打造的古色古香。象北京这样的国际化大都市全部是青一色的仿古建筑是不可能的，但是在一个区域内却是可能的。可惜拆了城墙，再加上改革开放以来争先恐后地上项目，旧城区已经无法全面回归民族特色了。因此只能因势利导，亡羊补牢。北京二环内今后应当全面填补民族色彩，二环以外，则应当处理好现代建筑的三种类型比。

1. 纯中式传统建筑形象

北京为保持城市的民族形象，除了将剩余的能保护的古建筑完全彻底地保护起来之外，还要有足够量的纯中式传统建筑。原本古城内应当全部是旧式和新式的中式建设，但是这已经成马后炮。在现实状况下至少旧式民族建筑加上新式民族建筑在古城内应占全部建筑的占地面积80%。

前门大街、大栅栏、琉璃厂等传统商业街，全部应当按旧时风貌建设，即使盖楼也要建成高度不超过三层的中式传统商业楼。外部形象完全是传统式的，青砖灰瓦，红柱彩梁，实际用料则是钢筋混凝土，外贴青砖，上盖灰瓦，柱和梁全是用钢筋混凝土仿制的。住宅区中的商业用房，则适当采用琉璃瓦，墙面贴红瓷砖，减少小区色彩单调感。

二环路至三环路之间，纯中式传统建筑占地占全部建筑占地不低于40%；三环路至四环路之间，纯中式传统建筑占地占全部建筑占地不低于20%；四环路至五环路之间纯中式建筑不低于10%。从古城向外，纯中式建筑逐步递减；从古城外到古城内，纯中式建筑逐步递增，从整体上保证民族建筑形象的平稳过渡和转变，形成整体和谐的视觉形象。

2. 中西合璧式建筑形象

从外城到内城，纯中式建筑密度逐步加重，这样保证了民族建筑形象在空间布置上的色彩协调。

但是，在同一空间纯中式建筑与纯西式建筑之间却反差过大，为了减少这种反差，也是为了加重民族建筑的总体份量和色彩，除了增加纯中式建筑外，还要增加一些中西合璧式的建筑。中西合譬式的建筑占纯西式建筑的比重越高越好，所以没有必要确立一个比例。中西合璧式建筑的主体建筑基本是西式的，屋顶或屋檐采用绿色或黄色的琉璃瓦。过去曾经批判过青砖墙、琉璃顶；也曾批判过楼顶建琉璃亭。现在看来，这种建筑有利于体现民族特色，比完全西式的建筑更能烘托古都风貌。

这种楼的高度不限，多少层都可以采用大屋顶或琉璃檐的装饰。人民大会堂和历史博物馆当时就应当采用大屋顶和琉璃瓦装饰，那样会与天安门城楼更加协调。

不能小看了一些小的改动，琉璃瓦是中国烧窑艺术的代表，建筑物经它装饰，民族色彩豁然突显。

3. 纯粹的西式建筑形象

纯西式建筑在北京三环以内的新建筑中不易再增加。三环以外，特别是远郊卫星城可不加限制，全是西式建筑也无仿。西式建筑最好不要模仿，而要创新，设计出自己的风格。越模仿越失败，闹出东施效颦。北京有一个从名字到造型模仿法国某历史经典建筑的商品楼盘，建筑专家观后一致认为“不伦不类”。

西式建筑有中式建筑不可比的优越性，建筑成本低，省工省力省料。中国还是一个发展中国家，有限的“彩”只能擦在古城区，不能处处擦粉，中式大屋顶造价高，施工难；四合院占地多，容积率低，中国耕地面积少，人口多，寸土寸金。因此在五环外不提倡纯中式和中西合璧式建筑。一些人喜欢走极端，在打造北京城市民族形象上，不能一刀切，不能忽东忽西，要保持理性。

第六章 城市识别形象细分

城市识别形象是指不同城市之间的内在与外在形象上的本质与特色差异。一般从三个层面来塑造，即城市理念特色，城市行为特色和城市视觉特色。

第一节 城市理念形象

城市理念形象就是城市的内在形象，是城市的灵魂。

一、城市理念设计的原则

城市理念是城市的思想观念体系，是城市的价值观、精神和灵魂。城市形象归根结底有两大要素，一是人的要素，二是物的因素，而人是核心要素，人的行为决定了物。物再美，人的行为丑陋，这个城市就失去了依恋价值。城市理念是城市之魂。城市理念设计应遵循四条原则：

其一，利益化原则。城市理念必须与每一位市民的个人利益相关，人有多种需要，如生存、安全、归属、个人成就等，利益就是在某些方面或全面满足人的个性发展的需要。这样，市民与城市就构成利益共同体，一荣俱荣，一损俱损。如果市民认为城市理念是官方的事，与自己无关，城市理念就会流于形式。只有扎根于市民之心，体现于市民之行的城市理念才是真正的城市理念，有效的城市理念。

其二，战略化原则。城市理念不是摆设，是为城市发展战略目标服务的。适应于昨天发展战略的理念有可能不适应明天的战略，因此城市理念具有动态性。不能笼统讲“一朝市长，一朝理念”，而应当说一朝战略，一朝理念。城市理念是适应城市发展的整体要求，反映城市整体的核心功能、核心竞争力、整体战略目标、整体精神、整体价值观和整体形象。

其三，多元化原则。城市，特别是像北京这样的大国首都，既有多元民族色彩，又有多元国家色彩，具有极大的开放性和包容性。因此城市理念要富有多元文化色彩，还要有多元对象色彩。城市理念是政府、社区、产业、市民共同的理念，适应于所有的组织与个人，要有多元内容色彩。城市理念不是一句简单的口号，而是一个思想体系、观念体系，由一系列概念组成。

其四，个性化原则。同一棵树上，没有两片绝对一样的树叶，真正的城市理念一定是个性化的，因为没有两个完全一样的城市。但是在现实中，企业理念和城市理念大同小异十分普遍，看了如同嚼蜡。有的专家为了制造差别，就自创一些生硬的词，甚至违反中国语法和语言习惯。把“构造”换成“建构”有什么意义呢？这种做法只是玩弄形式差异，并不是创造本质差别。好的城市理念在内容上准确地反映了该城市的本质特征，在语言上十分精彩独到。是否具有个性，这是评价城市理念设计上艺术性的惟一标准。没有艺术性的理念，尽管反映了城市实质，却失去了品位和感染力。

二、城市理念体系构成

城市理念体系的构成并没有固定的模式，有的城市理念可能只有一条城市精神，而有的城市理念则是由一系列相关内容构成的。北京的城市理念不应当是单一条文，而应当形成体系。北京的城市理念设计需要专家、市民和政府几上几下，反复研究、讨论、评定才能确定。这里提出的思路仅仅是为了说明方法。

1．城市性质定位

城市性质定位也就是城市的核心功能定位。北京的城市性质定位是“中国政治文化中心”。这是从首都视角定位，从城市的角度应当对城市的基本功能进行全面定位，我个人认为应当这样概括：

北京是中国最发达的政治中心、文化中心、教育中心、信息中心、管理中心和交通中心，是部分优势产业的经济中心，是全国最好的生活中心之一。

在城市功能上，北京要向世界展示：“六强、一特、一前”的形象。六强，就是具有垄断地位，非我莫属；一特即不是全能、全优，而是部分占据一流；一前就是前排位置中的一个位置，不是前排惟一的座位，还有他人；但也不是后排。这种功能形象定位符合北京的特点和现实，不仅是完全能做到的，而且必须做到，不然就是失职。

2．城市整体形象定位

城市整体形象定位就是在视觉上让国际一眼所产生的总体印象。

北京城市整体形象定位我个人认为应当概括为：

绿色的北京

科技的北京

人文的北京

这种定位与2008年的奥运会形象定位是一致的，北京城市是奥运村的外部环境，二者形象不能互相矛盾，只有绿色北京、科技北京、人文北京才能保证和衬托绿色奥运、科技奥运和人文奥运。

北京各区县及其下属的社区、乡镇的形象定位，与北京整体形象既一致又有差异。要充分体现区域的文化和经济资源特色。

3．城市发展战略定位

城市的发展战略关系市民对未来的期望，一个对市民生活和个性发展具有吸引力的城市发展战略，是调动市民积极性的重大动力。作为城市理念性的城市发展战略至少应当包括战略方针和战略目标两项内容。战略方针与战略目标的区别在于，战略方针是战略原则，是枪上的准星，战略目标是射击的靶子。方针为目标服务，方针是手段，目标是目的，目的决定手段。

北京的城市发展战略可以这样概括：

以 2008 年奥运会为动力，集中专家和全体市民的智慧提升各项决策水平，打造首都形象和北京品牌；提前于 2010 年建成全面小康社会和现代化国际大都市。

“以 2008 年奥运会为动力，集中专家和全体市民的智慧提升各项决策水平，打造首都形象和北京品牌，”这是北京的发展战略方针。2008 年的奥运会得到全体市民的支持，“为奥运作准备”的观念深入全市民心、政心和党心，这是一种巨大的动力资源。中国几十年来的沉重教训是长官意志决定一切，既不尊重专家意见，又不顺从民意。主观主义、唯权力意志不仅使纳税人数以亿元为单位计的血汗付之流水，而且造成殃及子孙后代的灾难性后果，所以战略决策的民主性和科学性应成为国家、城市、企业决策的最重要的方针，北京当然也不例外。城市形象是城市发展的重要资源，北京要注重形象，要在政治、经济、文化、科技等各项事业和工作上打造品牌，这样才有利于实现两大目标，即市民生活全面小康，城市发展现代化、国际化。

4．城市品牌定位

城市品牌是城市核心竞争力，是城市资源优势，也是实现城市发展战略目标的重要条件。城市品牌定位就是选择与确定城市发展的优势，并将其品牌化。

北京的城市品牌至少可以定位为四种：

其一，**惟一的景观品牌。**北京的古都风貌自不待言，特别是要注意城市的现代化、生态化、艺术化建设的新景观，应独具特色，富于创新，“独此一家，别无分店”。从现代的与古代的城市建筑两个方面打造“惟一的景观品牌”。在全国和世界，唯北京独有。这是 2008 年奥运会期间对 2 万名外国人最具魅力之处，也是北京发展旅游业的最大资本。

其二，**顶尖的产业品牌。**没有经济实力的城市，市民生活是无法全面实现小康的。一个城市有没有顶尖的产业是这个城市有没有经济实力的最基本的标志。温州虽无大工业，但是顶尖产业并不少，如剃须刀、打火机产业等。其产品在国际市场占 70％。北京多年来没有一个产业是顶尖的，这种状况必须改变。目前，软件产业爬上了顶尖，仅此还不够，还要优化资源配置，打造出若干个顶尖产业，在全国居于榜首。

其三，**国际的教育品牌。**北京的教育品牌在全国已经是顶尖的。未来的目标是打造国际品牌，我们不敢说国际顶尖的，最低也得成为国际公认的、知名的、与发达国家的大学平起平坐的品牌。这个目标并不难达到，只要教师集中精力作学问，少为了挣讲课费去各处做"体力劳动"（一门课的讲稿重复三遍，再讲下去就是体力劳动了，而不是脑力劳动——这是讲课人公认的常识）。

其四，**人性的生活品牌。**北京作为首都必须适合人的居住，不仅卫生、整洁、舒适、优美，而且人的个性能得到全面发展；学习、就业、娱乐、个人自由能得到充分的保证；社会风气良好。

5. 城市服务理念

政府归根结底是为市民服务的。计划、组织、指挥、协调、控制等职能的发挥仅仅是不同的服务手段。

城市的服务理念应当概括为：

诚信为本

市民至上

无微不至

无可挑剔

任何一个市政府如果切实落实了这种理念，这个城市社会风气一定是一流的，市民一定有强大的凝聚力，各项工作一定会走在前列。此次"非典"的蔓延，实际上早在2002年11月份就应当作为头等大事来扼制，但是卫生主管部门的领导没有高度重视，酿成大祸。胡锦涛和温家宝两位领导在这场"人类的灾难"中，充分体现了人民领袖的风范，他们的言行真正做到了"诚信为本，人民至上，无微不至，无可挑剔"，不仅赢得了人民对这两位新上任的领导的充分信赖和尊重，而且极大地鼓舞了人民战胜瘟疫的决心和斗志。

6. 城市广告语

城市要用最简练的语言宣传自身的特色，吸引投资，促进发展，因此城市理念设计少不了城市广告语。广告语往往以巨型标牌立在城市边界的交通要道路旁，或用横标跨越公路而挂。

下面的广告语，与北京的特点是完全符合的。

包容世界的都市

施展才华的空间

创造财富的沃土

北京集中了各国使、领馆，集中了不少跨国公司的在华总部，集中了不少留学生和外企及外国"打工人员"，所以北京是"包容世界的都市"。

全国各地人才都愿意来北京工作，不少人在北京成了科技精英、企业家、艺术家，北京的信息量大，教育资源雄厚，就业机会多，施展舞台大。所以北京是"施展才华的空间”。

北京的信息、交通、人才、文化资源丰富，市场潜力大，消费量大，政策优惠，社会风气好，打工者挣了钱，创业者发了财，所以北京是“创造财富的沃土”。

7. 城市精神

城市精神是在城市主要领导者的理想、追求、价值观、个性的影响下，全体居民形成的共同精神。这是城市理念的核心。狭义的城市理念就是指城市精神。深圳、上海、长沙都明确提出了自己的城市精神。北京是首都，全国看北京。胡锦涛同志要求北京各项工作走在全国前面，根据这种要求及北京的实际状况，北京应当树立一种砺志帅先的城市精神。

北京城市的发展过程有其所长，也有其所短。从总体看，北京与上海等城市相比，缺乏创新和持之以恒的精神；北京人与外地人相比，缺乏创业和吃苦耐劳的精神。

20 世纪 50 年代初期，北京从上海迁进了一些企业，如红都服装店、造寸服装店、义利食品公司、北冰洋汽水厂等。到改革开放之前，北京的服装和食品，基本还是这几个品牌为龙头，30 多年来没有什么创新。自行车更改了几次品牌也未立住；缝纫机、手表、照相机也陆续垮台。改革开放之后，北京家电起步较早，电冰箱、洗衣机、彩电红火一时，在海尔、长虹等后来者面前，也迅速萎缩；汽车制造也有一定基础，但是也走了一段下坡路。工业的衰落，造成北京人就业的艰难，特别是男性员工，比女性还难找工作。北京的工业为什么总是昙花一现呢？政府给予的优惠条件并不少，甚至投巨资挽救，但是就是扶不起来。总结教训，主要是北京的企业缺乏创新精神和持之以恒的精神，遇到一些困难就束手无策，甚至坐以待毙，没有在全国砺志帅先，争创一流的追求。

北京的企业垮了，工人下岗了，在家等待就业。在此期间，北京成了外地人创业的舞台，不少个体或合伙投资者在北京发了大财，企业越做越大，外地的农民当老板，北京的工人老大哥给他们打工。北京人为什么不利用天时地利人和之便自己创业，自己当老板，让外地人给自己打工呢？主要是缺乏创业精神和吃苦耐劳精神。所以作为北京人，也要有不甘落后，敢为人先，自尊自强的精神。

要从理念上解决北京的企业和市民存在的问题。从城市整体上看，关键是建立一种新的城市精神，这种精神一定要有助于克服北京企业和市民的固疾，也就是与旧精神相左。所以北京要树立砺志帅先的精神。

砺志帅先

砺即磨练；志有两种，即志向，意志。

首先要砺磨志向，不断超越。志者，心之向也，气之帅也。“志当存高远”，“一览众山小”。目标大小，影响成就大小。志向是胜利之本，懒惰是万恶之源。砺志要超越自我，最大的胜利是战胜自己的惰性和惯性。要砺志超越先进，知不足而奋然，不等、不靠、不要，抢时间，争速度，志在必成，非成不可。

其次要砺磨意志，不断拼搏。始志不渝，顽强拼搏，不畏艰难，顽强学习。争分夺秒，连续作战，打不垮，拖不烂，有铮铮硬骨。经得起赢，也经得起输，肯认输，不服输，东山再起，拼搏到底。砺志把命运握在自己手里。要立恒志，勿恒立志。做事持之以恒，不怕慢，就怕站；不怕难，就怕变，不坚持到底。成功的惟一秘决是坚持到最后一分钟。不怕事多，就怕用心不专，专心才能事半功倍。人缺乏的往往不是智慧和才能，而是进取的恒心，情商重于智商。恒志者事必成。即使是弱者，恒心精进单一目标，也会创造辉煌。小事不做，大事难成；不积涓流，无以成江海，从小事做起，不断进取，必定能做大做强。耐心与持久，胜过激烈与狂热。

帅先，即当领头羊，当帅群马。一马当先，万马奔腾。首都北京应成为全国首善之区，应首先实现现代化，应首先全面建成小康社会，应成为全国最卫生的城市。这样才能在全国发挥示范效应，才能起带头作用。

砺志是帅先的基础，帅先是励志的结果。树立远大志向和较高的目标，拥有顽强的意志，才能实现志向和目标，才能走在全国前列。

三、城市精神的形成过程

纸上谈兵树立不起城市精神，整天宣教式的坐而论道也树立不起城市精神，城市精神是由政府主要领导倡导和带动，在实际学习和工作中逐渐磨练出来的。一般分为五个阶段：

1. 精神冲突期

新的城市理念最容易在城市发生变革，面临着新的使命、新的战略目标、新的重大事件、新的重大危机、新的领导上任等背景下产生。任何城市都存在着一种长期的、稳定的、传统的理念，这种理念有积极的成份，也有消极的成份。面向新的形势、新的任务，往往很不适应。新的领导上任后，要完成自己任期内的使命，不得不从思想观念上入手，从文化入手，从精神入手，去重塑一个城市理念。新市长的理想、追求、性格会与现实不合理的东西发生观念冲撞，正是在这种冲撞中育孕了城市精神。但是也有这样的情况，新市长平平淡淡地上来，平平淡淡地干着，城市如死水一潭，表面平静，底下漩涡翻卷。由于许多矛盾处于掩盖之中，一旦风起，倾刻翻船。许多企业的死亡都是如此，许多政权的垮台也是如此。因为二者共同点是没有精神支柱。

2. 精神感知期

在新的市领导与现实的理念冲撞中，市政府公务员和全体市民逐渐感觉到一种新的气息、新的思想、新的观念、新的精神渗入了自己的视觉、工作和生活之中。城市的各项工作的内容、方式、方法都发生了变化，城市的面貌也在改观，人与人的关系有了改善，特别是政府的作风焕然一新，如同从冬天转入了初春，一切变化都是不知不觉的。从这些变化中体现出了一种核心精神，这种精神只能感觉，还无法用精确的语言准确地概括出来。这种情况，反映了城市精神已经萌芽，进入了感知期。

3. 精神豁朗期

对城市精神片面的、表层的认识，在城市的发展和政府体制改革及行为转变中逐步走向全面和深入，最后上升为理性，由市政府领导班子用最精确的语言将这种精神的实质概括出来。这种条文化的城市精神，准确地反映了市长的理想、追求和价值取向以及广大市民的共识。这是从上至下的概括过程，也可以反过来，从下至上进行概括，由市政府向全市市民有偿征集城市精神条文，经过筛选，选出与市长理念相近的精彩条文若干条，登报由居民投票，以多数票条文为城市精神最终方案。

4. 精神培育期

城市精神条文化之后，就具备了规范作用。城市精神条文被制成长久广告牌，立在城市门口；成为公益广告语，频繁出现在城市新闻前面；做到家喻户晓，人人皆知。报纸、电台、电视台广为宣传讨论，专家注释，政府公务员、企业、事业单位和社区居民在实践中体现，典型示范，使城市精神不断发育成长，在城市中形成新的风气、新的文化。艺术家设计城市精神象征性的雕塑，立于城市的交通节点广场，通过形象化和视觉效应，强化市民的精神观念。外地人和外国人重新回到这座城市会明显感到一种新的神韵和风貌。

5. 精神更新期

树立城市精神不是目的，而是手段；精神是为目的服务的；城市精神是为城市发展服务的，又是在城市发展的过程中形成的。当客观环境和历史任务发生了变化，城市精神与新的环境和新的使命产生了矛盾，就要求更新精神以推动城市发展。这时新的城市精神与固有的城市精神又会发生碰撞，新城市精神对传统的精神进行扬弃，取其适合新形势的合理成份，构成新城市精神的继承内容，加上新精神成份整合成新的城市精神。深圳精神就是典型案例。

第二节　城市行为形象

城市行为包括政府行为、社区行为、企事业单位行为和居民行为。这种组织行为与个人行为的总和构成了城市行为。

一、城市理念与城市行为

城市理念决定城市行为，并通过城市行为来反映和证实。有什么样的理念，就有什么样的行为。

1. 理念与行为的统一性

思想是行为的先导，有什么样的理念就有什么样的行为。没有任何一种行为不是受思想支配的。所以城市要想打造良好的行为，必须先树立与目标行为相匹配的良好的理念，否则良好行为是建立不起来的。

现实中理念与行为存在着两种矛盾的关系。

一是城市没有明确的理念，却要求有文明的行为；二是城市有明确的理念，但是行为与理念脱节。宣传的是一种理念，而行为体现的却是另一种理念。这种现象充满了社会的上上下下。比如，理念是实事求是，却四处是假数字、假情况、假成就；理念是以民为本，现实是以官为本，以权为本；理念是相信群众，依靠群众，现实是害怕群众，隐瞒群众，大事的知情权控制在一定级别，任意剥夺人民的知情权；等等等等。

这两种矛盾关系导致两种结果，一是城市没有理念，有也没有人相信，没有人执行。整个社会我行我素。最严重的是产生了与理念的抵触情绪和逆反心理。由于行为与理念是对立的、相反的，因此群众必然认为理念的宣传是骗人的，是伪装，是糊弄老百姓的。这种宣传不仅不起作用，反而让老百姓嗤之以鼻，编出许多讽刺的笑话，当看到领导人在振振有词地宣讲理念时，把领导人视为小丑。这就是理念与行为矛盾所产生的真实社会状况。所以理念与行为的一致性，言与行的一致性是一个城市，甚至是一个国家生命力的根本。从中央到各城市出台了不少“道德守则”、“道德公约”一类的东西，调查显示效果不大，讲多少遍，一些人也记不住，根本不感兴趣，该怎么做还怎么做。相反，领导人的行为对群众的灵魂却有巨大的震撼力。最典型的例子是胡锦涛主席和温家宝总理上任后，特别是在“非典”瘟疫中的身先士卒的亲民表现和大刀阔斧的果敢精神，令北京人产生了多年来少有的温暖和鼓舞。他们不顾自己的安危深入疫区，亲临有感染危险的公共场所和医院，连口罩也不戴，鼓励人民勇敢面对灾难；他们为了人民敢于向一切玩忽职守的权贵开刀；他们为了人类，命令全国各地按时如实上报疫情动态，并向中国人民和全世界公布；他们为了百姓生命不惜任何经济代价，一丝不苟地切断病源；他们为防地方政府麻痹大意，派出一个又一个检查组亲临前线督战。北京市委书记刘淇同志和市长王岐山的身影也经常贴近群众，深受群众拥戴。北京老百姓说：“跟着这样的领导，上刀山下火海我们也在所不惜！”胡锦涛和温家宝及北京市领导的行为，在极短时间内就唤起了北京人的民族精神。所以理念与行为必须保持一致。行为高于理念，行为中就有理念，离开了行为的理念只是一种毫无价值的摆设。

2. 理念与行为的现实性

城市理念与城市行为要保持一致性，就要具有现实性。城市理念和城市行为的设计不能脱离实际。需求决定理念，与市民现实需求和未来期望的距离过大的理念，会脱离群众实际，不会引起群众共鸣，因此也转化不成群众的行为。在社会转型，企业转轨的过程中，许多国有企业的老职工下岗了，而国有企业的领导人利用转轨的过程中，官商勾结，富了和尚，穷了庙。私企、国企，股份制企业的用工对老职工采取歧视政策，明文规定 45 岁以上的人不用。拿了 30 多年低工资的老职工成了改革的牺牲品。有的靠父母生活，有的打零工，有的上有老下有小，连孩子学费也交不起。不切实解决这部分人的生活问题，城市“奔全面小康社会”的理念目标对他们就不会有任何感召力；“无私奉献”的口号，对他们就是一种讽刺。因为他们无私奉献的结果是“肥了国家和别人，自己没人管了”。他们不会去当“志愿者”，也没有力量去“志愿”。申奥成功的大事，对他们来说，也是冷眼旁观。他们由社会主角——产业大军，变成了局外人。不解决许多具体的社会问题，城市精神就不会打造出来，城市行为更不可能整齐划一，只能是各吹各的号，各唱各的调，各走各的路，一盘散沙，毫无凝聚力。不仅政府与市民之间相冲突，而且阶层之间也相冲突，劳动者与精英之间，北京人与外地人之间的矛盾也会日益加深。现在北京人的排外情绪就在增加。因为不少企业为了降低成本，大量用外地人，对北京人采取排斥态度。只有在充分考虑各类人的权益，并加以平衡的基础上才容易形成城市的整体理念和共同行为规则。脱离实际，人为地编造城市理念，制定城市行为规则，结果只能是走形式，徒劳无益。市民不是不懂规矩，而是无法、或根本不想按“规矩”实施自己的行为。

北京“非典”爆发期间，医护人员出于职业道德和组织行为动力，不顾个人安危，救死扶伤，前赴后继。中央和北京市政府在对医护人员进行充分的精神鼓励的同时，也采取了一系列公正的对待，在收入上、生活上、子女入学上、牺牲者的荣誉上给予了充分的考虑，并采取了具体的落实措施，这种富有人性的、从实际需要出发的作法不仅深得“医心”，而且深得“民心”。北京人说“不要有难让百姓上，好处全是当官的，这次改章程了!”奖的是医护人员，而得的是全民之心。同样，对国有企业老职工给予照顾，精英们也会拥护。相反，全社会会认知为，今天卸磨杀的是他，明天卸磨杀的是我。精英也会失去敬业精神。从国家到企业一致强调敬业精神，而企业，特别是私人企业，甚至一些经过人事改革的事业单位，对员工毫不负责任。理只讲一头，就没有精神。企业对员工负责，员工才有敬业精神；城市对市民负责，市民才有城市精神。多年来，各级精神文明办公室搞了大量形式主义空架子，劳民伤财，人们的精神有多大变化？遇有车祸伤者，见死不救的事时有发生。还有什么比见死不救更不文明的呢？需求引起思想，思想导致行为。理念脱离了人的需求，人只能从自己的需求出发去行动，作为城市的整体理念和行为规则只能是一句空话，甚至被当成屁话。

3. 理念与行为的整体性

城市理念与城市行为是对全市设计的，从市长到家庭妇女，无一例外要执行。长期以来存在一种偏见，城市精神和行为规则是给市民订的，市长不是市民。实际上，城市理念和城市行为首先应当由市长来言传身带，处处从自己身上展示城市理念与城市行为，因为城市理念原本就应当是市长理念，城市行为原本就是市长行为。政府一套作风,企业一套作风,让百姓按规范的理念和行为做,怎么可能呢?政府言行不一,企业假冒伪劣,市民只会我行我素。所以实践城市理念和城市行为必须上下左右,纵到底,横到边,无一例外之人,这样才能整齐划一,形成合力,众志成城。

二、城市行为的培养序列

城市行为的培养,主导者是市政府。行为培养对象从可控性和控制力度来划分行为主体,可做下列排序:

第一位,首先是市政府决策层、领导层及各级机关公务员;次之是各区决策层、领导层及各机关公务员;再次是各县决策层、领导层及各机关公务员。由于可控制性强,必须从这个层次首先做起。

第二位,首先是社区党委,次之是居委会和服务中心等组织,再次之是驻区企事业单位。

第三位,首先是大型企业集团,次之是中小企业,再次之是微型企业和个体经营门面。

第四位,首先是上班族,次之是退休人群,再次是失业人群。

第五位,首先是外地常驻人群,次之是外国工作人群,再次是外地流动人群和外国旅游人群。

在北京行为建设中,主体排位越高,可控性越强;排位越低,可控性越弱。政府要首先抓住可控因素,从控制力强的主体行为抓起。这样比笼统的、泛泛的宣教更有效果。

三、城市行为的控制手段

城市是一个大森林,林子大了什么鸟都有,要打造城市行为,必须采取多种手段。

1. 行政手段

改变形式主义的宣传方式,对城市的三种组织形象主体分别进行形象设计。一是将城市理念与城市行为融入政府形象设计与形象管理之中,政府公务员不仅有完整的理念体系,而且要有科学的行为规范和工作指标考核。政府工作实行全面质量管理。二是将城市理念与城市行为融入社区形象设计和社区形象管理之中,使自治组织居委会和家庭、居民遵循规范的理念与行为。三是将城市理念与城市行为融入企事业单位的形象设计与形象管理之中,使企事业单位遵循规范的理念与行为。

2. 法律手段

城市市民有许多长期以来形成的旧习惯,这种旧习惯是在一定的历史条件和物质条件下产生的,有它的历史合理性。比如北京的膀爷和上海的万国旗。旧社会,北京劳动阶层很穷,缺衣少食,尤其农民和人力车夫,热了脱光膀子既解热,又省衣服。夏天住小平房，太阳晒透了，只有脱衣避暑；上海人住房狭小，没有阳台，衣服只能用竹竿晾在窗外。但是，时代变了，北京人搬进了楼房，上海人住房大了，也有了阳台。旧习惯的改变往往落后于其产生的物质条件的改变。北京膀爷和上海万国旗依然不能灭迹，使城市形象不雅。对这种现象只能逐步消灭。在教育的基础上，分地段立法制止。比如，在胡同内光膀子或晾衣服劝其改正，不改由他。而在闹市区，则严惩不殆。不仅禁止，而且罚款，直到罚痛了，改正为止。在解决了第一步之后，再通过社区居委会和志愿者进一步加大消除膀爷和万国旗现象的力度。其他陋习也是如此，以教为主，辅以法律手段，逐步改观。

3. 教育手段

这是最基础的手段，无论是行政手段还是法律手段都要建立在教育手段的基础之上，并将教育手段贯彻于行政手段和法律手段的始终。采取行政手段和法律手段的目的还是在于教育。对不良行为必须有耐心，不能采用野蛮的方式来对待。行政手段和法律手段都要以教为主，晓之以理，动之以情。

第三节　城市视觉形象

城市视觉形象是让人一眼就认知的观感。它是城市形象设计者的主观目的与设计对象的形象表现及认知对象的主观感受的统一体，是城市自然、人文和经济环境的外在表现。

一、城市视觉形象要素

城市视觉形象要素在前面章节多有论述，这里从识别角度加以归纳。

1. 城市标志性视觉要素

一是城市设计性标志要素。包括市徽、市旗、城市标准字、标准色、城市各种规格的地图及城市各个区域的同类设计。这些要素不仅进入一个城市能产生视觉效果，离开一个城市，或从未进入这个城市，通过这些可印刷、可制作、可传递的要素，也会产生对这个城市的印象。北京市没有市徽，但是北京的市徽是天然的，那就是天安门城楼，它既代表北京，又代表首都。北京有些区域设计了区徽，如朝阳区的区徽是丹凤朝阳，标准色是红色，整个图案由一个圆构成，图案内是一只凤凰，嘴朝太阳。北京市朝阳区亚运村办事处所属的安惠里社区由北京市社会科学院和奥组委联合设立的《通向 2008 年的北京形象工程》课题组设计了中国第一家社区形象，包括理念、行为和标志。市徽、区徽和社区标志可制成旗帜和徽章。

二是城市设定性标志要素。包括市花、市树、市鸟和吉祥物。

三是城市建筑性标志要素。包括城市标志性建筑和标志性雕塑。城市的各区，甚至街道、社区，在有条件的情况下，都应当有独特的标志性建筑和标志性雕塑。

四是城市自然性标志要素。如名山、名河、名湖、名海、名林、名自然景观等。城市的区域也可以此为标志，如北京延庆县以八达岭长城为标志，怀柔以雁栖湖为标志。

五是城市指示性标志要素。包括路牌、街牌、社区牌、楼牌、单位牌等。

六是城市宣传性标志要素。包括各种公益的、商业的、造型不同的广告牌、提示牌等。

2. 城市线路性视觉要素

城市线路性视觉要素包括便道、自行车道、汽车道、地铁、城铁、通往域外高速路和铁路及城市的大大小小的街道，大大小小的河道。

城市各种主要建筑，特别是商业建筑是沿街道布置的，每一种景观都有路相通，各种景观之间有路相连，道路不仅本身是城市视觉形象的要素之一，而且是各种视觉形象不可缺少的组成部分。“移步换景”，视觉中的景观离开了路，只能是一种静止景观。

道路作为城市视觉形象要素，不仅本身要优良，而且沿途的林荫、花草、灯光、楼宇、商铺、广场、园林等等，均成了道路景观的背景，对道路起了衬托作用。

3. 城市节点性视觉要素

美国学者凯文·林奇教授通过调查市民如何用视觉观察城市，总结出构成城市视觉形象的五大要素，即路径、边缘、区域、节点和标志。节点是指道路的起始点、交汇点及沿途具有重要作用的地点，如广场等。天安门广场是长安街的一个重要地点，而建国门、复兴门、公主坟等则是长安街的交汇点；通州、石景山是两个起始点，它们都是长安街的节点。节点景观最显眼，给人的印象也最深刻。走这条路，要过这些点；去这些点，要走这条路。二者相辅相成，互为加深印象。

4. 城市边缘性视觉要素

城市从大空间到小空间存在着视觉明显的不同类型的边界线。大型空间的边界线有海岸线，平地与山脉交界线，坡地与山峰轮廓线，山坡(峰)与山谷分界线；中型空间的边界线有公园、校园、办公区、住宅小区的隔离线；小型空间的边界线有小区内的组团栏杆、单位栅栏等。站在北京景山公园山顶的亭子里东望北京，紫禁城历历在目，壮丽辉煌，与平地观景全然不同，原因就是高低界线落差造成的。平地上没有栅栏的别墅，与背山面湖设有栅栏的别墅美感不同，这也与界线层次分明有关。北京城墙拆了，古都风貌顿时不在了，与古城墙的界线作用有重要关联。界线也是一种标志，道路既有标志作用，也有界线作用，但是由于其特殊的功能，独立于边缘性视觉要素概念之外。

5. 城市区域性视觉要素

区域是有共性特征的大空间，具有双向尺度，人有走进去与走出来的视觉感受。这种空间的规模具有相对性，如清华大学是一个区域，海淀学院区也是一个区域，两个区域规模不同，但是都属于大学印象区。故宫是个区域，故宫、劳动人民文化宫、中山公园、景山公园、北海公园、中南海、什刹海又构成了一个共性的皇家园林区域。视觉上的区域不同于行政区划，视觉上的区域的根本特点是具有共性色彩，又各具特色的一个大的城市空间，只有集中打造出这样的空间，才有利于突出各行政区划中的自然和人文形象特色。

二、标志性视觉要素改善

城市标志存在不少问题，北京在2008年前应当认真审视各类城市标志，加以全面改善。

1. 标志的完整性

北京的城市标志目前并不完善，市花、市树有待进一步确定，从来没有讨论过市鸟，也没有市徽和城市吉祥物。举办绿色奥运的城市，连市树、市鸟的标志也没有，这令人不可思议。城市的某些标志的确立是一举多得的事情。既宣示了城市理念，展示了城市的形象，又可以商品化，带来长久的经济效益和社会效益。2008年前，北京应当在专家、群众和政府三结合的基础上补齐城市不完整的标志。

选择机场、火车站、广场等流动人口集中的地方，利用上等的建筑材料，如大理石、汉白玉、花岗岩或铜，由最权威的艺术家，雕塑北京城市吉祥物。要精细策划和广为宣传吉祥物的含义，做到全市、全国乃至世界皆知。利用人们的好奇心理和需求心理，赋予吉祥物护心、护身、护家、护业、护城、护天下的内涵。大人小孩，无论中国人还是外国人，都愿意把它带在身上，图个吉利。吉祥物的涵义要与其历史文化和美的形象三者互相统一。如果历史传说中没有护佑功能，人为地赋予她"六护"，等于"骗人"，不会令人信服；其历史文化中有护佑功能，但形象不好，人也感知不出它的吉祥。比如南京用"辟邪"做吉祥物，虽然有吉利文化，但是形象丑陋，令人不舒服。

2. 标志的商品性

城市某些标志可以商品化，制作成产品。城市吉祥物产品应有多种规格、材质，适用于不同人、不同场所。小的如同纪念章，随身携带，图动态中的吉祥；大的可摆在室内，图静态中的吉祥。有儿童玩具式的，有精美工艺品式的；有布制的，有金属制的。北京城市吉祥物最好与2008年的奥运会吉祥物统一起来，从现在就开始设计、开始评选、开始制作、开始销售。到2008年，这个吉祥物早已名气大作，家喻户晓，成为一个品牌。

城市生态标志可变成工业产品和艺术产品。市花、市树、市鸟可用于广告，变为三大名牌商标。可制成胸徽，女士胸徽为五彩市花，谁喜欢什么颜色就选什么色，走到世界各地一看胸徽就知道是中国某市的姑娘或女士；男士胸徽为市树；儿童胸徽为市鸟。既宣传了生态标志，培养了人们生态意识，又创造了经济价值。可制作工艺品，如景泰蓝；可制作玩具，如市鸟；可制作美术品，如水粉、油画、国画。

由于生态标志的特殊地位，这种画便于作为高档礼品送人，同时在市场上也有诱人的卖点。可制作服装产品，童装、女装、青年男士夏日休闲装均可大量运用生态标志的各种艺术变形图案。

3. 标志的规范性

城市的各种标志的制作，在尺寸上、色彩上、文字上、摆放位置上都必须十分规范。北京有些指示标牌中的英文错误率很高，使外国人莫名其妙，不仅丧失了指示功能，而且产生了不良视觉效应，降低了城市文化形象。会使人认为连指示牌上都是这种外文水平，可见这个城市外文水平之低了；有的甚至出现中文错别字。这些问题反映了标志设计制作和检验者缺乏责任感和形象观念。城市的标志，特别是指示性标志要整齐划一，不能一个区域一个样。不同指示牌应有不同颜色区分，同一种指示牌颜色、字体、大小全要一样。指示牌上用几种文字也要规范，不能这里的指示牌用中英两种文字，那里的同种指示牌只用中文。作为国际化大都市的道路指示牌至少两种文字，汉城的道路指示牌是韩、中、英三种文字。

4. 标志的艺术性

无论哪一类城市标志，都应当富有艺术性。标志是城市形象吸引人的注意力的首要元素，除了标明功能之外，还应当具有完美的艺术功能，成为一种重要的景观要素。不少标志的艺术性取决于用料、色彩、造型及这些要素与其背景和基本功能的协调性。既使简单的指示标牌也可以创造出艺术魅力。北京传统的单位标牌整齐划一的是白底黑字的长木条，共产党机关的标牌用红字。现代城市的标牌，有的要整齐化一，如地铁、公交、火车等路线指示牌，而社区、单位、公园等标牌应当五花八门，各放异彩。北京的广告牌不仅缺乏艺术性，而且布置杂乱无章，有的街面几十种广告排列在一个立面上，眼花瞭乱，哪一种广告也不醒目。经过近两年的整顿有所改观，但是艺术性依然不高。特别是灯光广告标志，霓虹灯经常发生质量问题，残字残图，令人不快，事虽不大，却显示了一个城市缺乏严肃认真精神和景观的上的致命伤。

建筑的象形性会强化理念和标志功能，同时引发联想，增加艺术感染力。北京某些建筑贴近了象形性。检察院的办公大楼造型如一台天平形状，外贴雪白的瓷砖，喻意廉洁、公正。中国人民银行的办公楼由两部分组成，前部圆厅，如高垒的硬币；后面是长方形、微卷后倾的板式办公楼，如一摞立放的纸币。建筑造型成了其性质和功能的标志。

三、线路性视觉要素的改善

线路性视觉要素有不少令人心理感觉不快之处，也有待加速改变。

1. 街名的连续性

路名、街名对人来说是一种信息，越简单、越少，越好记。但是，传统的做法是街名和路名不按条条起，而按块块起，而按节点起。这样，一条街、一条路在不同地段、不同节点可能叫不同名称。比如中关村大街，南起白石桥，北到圆明园，南头叫白石桥路，中间叫中关村路，北头叫圆明园路，人为地把简单问题复杂化，制造思维混乱，把人引入迷宫。现在统称中关村大街，分为南大街和北大街，这样就容易判断方位，把握交通主干，也容易寻找沿途的地址。所以，为了视觉更明析，路名和街名要保持连续性，只要未转向，名称不能改。正如京广线，不能分段起名。在京广线上有哪些节点，去什么节点可乘京广线，一目了然。如果分段起名，就会乱成一锅粥。

2. 道路的畅通性

北京的市区道路在视觉上常见两种景象。一种是乘车憋火：乘客在站台等公交车时间过长；同一路的公交车数辆同时进站；上车拥挤；车上人与人零距离，憋闷难忍；车上不时发生乘客之间、乘客与乘务之间争吵怒骂……另一种是道路变成停车场：整个路面停满车辆，谁也走不动，十几分钟往前挪一步，十分钟的路程，一个小时也到不了。修路的速度总也追不上车辆增加的速度，全国每销售四辆轿车就有一辆卖给北京了。骑自行车虽好，却跟不上生活、学习和工作的快节奏，消耗体力过大。北京在许多问题上存在着两种思维方式，一种是"盲目跟外"，一种是固守定势。对私人轿车不控制，反而鼓励购买使用；而对于电动自行车和三轮摩托车"死打严卡"。这两种车既省资源、省费用、又减少交通拥堵和公交拥挤，同时也更卫生，对上下班人来说，速度并不比开私人轿车慢。连广州、上海全放开了这两种车，北京却不放开，原因主要是为了城市形象，而不是为了百姓实际需要，不是从北京交通实际出发。所以道路不通畅成了北京视觉形象中最差的一面。

地铁网络化是解决市区交通的根本之策，北京在这方面与现代化国际大都市距离较大。一是地铁数量不足，单线条，不成网。汉城地下遍布地铁网络，城区走地下，郊区走地上。北京离地铁网络化相距甚远。二是地铁线路过短，基本没有出城区范围，地铁应远达昌平、顺义、怀柔、密云及其他区县。这样京顺路就不会再堵车。三是地铁出口设置不合理。汉城地铁、上海地铁的出口连着地下大商场，或连着跨地空中走廊，减少了地上交通瓶颈，方便了顾客购物和休闲。北京公共汽车的路线安排缺乏人性化，市民去车站太远，严格来讲，居住地离车站最远不应超过300米。

由于缺乏人性化的设计理念，疏通了这一面，往往又堵住了另一面。大钟寺一带的行人，总是穿越新修的城铁，不断发生危险。媒体和政府总是埋怨行人不守规矩，实际上是设计者顾此失彼，把行人过去的直线距离变成了曲线，又没有建立空中走廊，为了节省时间自然有穿越铁路的机制。诸如此例的非人性化设计工程并不少见。一种畅通以另一种堵塞为代价，就必然再付出代价。

3. 沿途的欣赏性

城市的道路也是观景线路，所以北京近几年不仅改造各条道路，而且对道路两边进行绿化和美化。四环路两边建立一百米的绿化带。发达国家的城市道路两边，无论是高楼、农田、山林、工厂还是未开垦的土地，都具有可观赏性。北京在这方面还存在较大的差距，路旁的有些地段，使人不敢想象还在北京，好象已经进入了穷乡僻壤，让人不能想象北京还有这样脏乱差的地方。无论市区还是郊区，目前还存在一些原始的、落后的地段。创造城市的视觉形象，应把路边的景观塑造完整，不留下一个死角。让北京各条道路，百步一景，特色叠起，目不暇接。

从高速公路和铁路进入北京边界的人，不仅没有产生全新的特色感，景观反而不如界外更令人舒服。界外是一望无际的田野，界内的路边是破旧的厂房，低矮的平房，路边垃圾满地，这就是对首都的第一视觉。中国的许多城市不太重视城市边界的道路景观，不刻意打造这种景观的独特性和可欣赏性。许多人进北京多次，也判断不出火车在哪一刻、哪一段进入了北京，常常是车已经在北京界内跑，乘客还以为在河北，因为路边没有明显的标志物，景色也不像大都市。北京应当带头创造城市边界的沿途景观。目前市政府已经规划在铁路和公路两边，从进京边界起种植 30 米宽的高大杨树，列车或汽车进入北京界就进入了森林之都，产生一种清新气息。

4. 河流的自然性

河流也是线路，北京的市区建筑自古由水环绕，分为内护城河、外护城河；而江南的某些城镇则沿着河流排列住宅，河流几乎成了主街道，船成了主要交通运输工具。周庄如果没有了水，就没有灵性和品味了。河流是城市不可缺少的景观。但是作为线路的河流，北京的河流存在着几大缺陷，一是水浅，二是水脏，三是水静，四是岸高。河不像河，像渠。人工色彩过重，除了门头沟山里的永定河，市区的京密引水渠拥有自然、清澈、流动的色彩，其余与其说是河，不如说是泄污渠。所以北京河流既要打造两岸背景景观，更要重塑河流的自然形象。

四、区域性视觉要素改善

城市区域性视觉要素的改善，关键是每个区域的功能要集中，特色要突出，对北京来说，重在整体布局的调整。

1. 原点扩圆式

旧北京城是棋盘式节点分布。皇城处于棋盘的中心，百姓及王府处于第二层棋盘，二层棋盘外就是郊区。整个北京形成了一个长方形的回字。南北中轴线贯穿于两个口字中间，节点分布在轴线上及轴线的周边，外层受两道城墙和护城河所制约。内城墙就是故宫外墙，是皇帝的“院墙”。外城墙是城市的“围墙”。后来拆了外城墙修地铁，上面是二环路，下面是环城地铁。北京城市规模的拓展，就是以二环路为中心，向外均衡扩展，扩展到一定的宽度，中心区的交通压力无法承受了，这样就修起了三环路，以减轻中心区的交通压力；随着城市规模的外延和向心力的加大，三环路的交通压力也受不了了，于是产生了四环、五环、六环，未来不知还有多少环。外环在变、在扩，而城市的单中心却从皇帝开始到今天也没有变化，北京只有一个市中心。每一环距离拉开了，但都围绕一个中心，这个中心功能是万能的，党中央、国务院、市政府、购物街、医院、学校全集中于此，无论城市外延出多少环路，办事都要回归于中心区，中心区的交通压力不因环路的增多而减轻，反而有加大趋势，于是道路由地下和地上，上升到空中，立体交叉，古城风貌毁坏了，空气污浊了，绿地减少了。

这种传统的布局方式，在现代化大都市的进程中显示的缺陷越来越重，甚至有窒息城市的危险。不仅原有的机关、学校、商场、医院固守中心地带，而且新的机关单位设立、新楼盘开发都具有向心惯性，不断地向市中心集中，见缝插针，楼群越建越高，越建越密，单位越来越多。从法人到自然人，信条都是“宁要城区一张床，不要郊区一间房”。近几年，随着住房商品化和旧城平房区改造，在价格的压力下，不少居民不得不到郊区购房，市中心人口逐步向外分散，这本来是一件好事，但是带来了更大的麻烦。住在郊区，上班、上学在市区，一早一晚，交通拥挤不堪，人们活得更加疲惫。北京的路越修越多，越修越宽，但是交通状况未见好转，此其一；其二，由于日久奔波，加上郊区小区物业利用居民购物不便，自我垄断经营生活用品，质次价高，不少上班族要么出售郊区住房，要么在城市购买“一张床”二手房。还有一部分人锁着郊区房，城里又租房，总之大有回流市区之势。

北京城市布局不利于现代化发展，不利于多种功能形象的树立，不利于绿色北京的实现，必须改变北京布局的大饼形象。

2. 短期缓解式

中国的城市政府对企业管得太多，考虑大事少，小事多，因此常常陷入一种怪圈。今天解决某种困难最省事的方法，往往成了明天更严重的困难的直接原因。北京为迎接 2008 年奥运会，更是为了城市发展和城市经营，要把一部分工厂搬出城区。许多企业领导为了自己暂时利益，叫苦连天，叫晕了市领导才罢休。市领导怕首善之区乱了，便采取实用主义的权益之策。比如让化工厂搬到通州，允许机械厂自寻搬迁地。这种做法十分有害，会错过重新调整城市布局的大好时机，继续埋下巨大隐患。通州区建立了大量经济适用商品房，化工厂搬过去，通州区的生活功能形象就会垮台，楼房卖不动，买了的想迁走，这部分损失怎么办？通州区从长远发展看，可以打“运河文化牌”，化工厂进去了，“运河文化牌”怎么打？通州区离现在的东南化工厂相距不到 30 公里，化工厂全是大型专用设备，管道居多，搬一次家大部分设备全毁，几乎等于重建，搬出去 30 公里，就意味着还有第二次搬家，企业处于动荡状态谁也无心做大做强，这种潜在的损失是无法计量的。

机械厂搬家亦是如此，对于企业来说，哪个地区给的优惠条件多就搬到哪里，不变的原则是尽量离市区近点。结果是机械类企业在郊区东一个，西一个，不成体系，不成规模，难以做大做强。当地给优惠条件无非是想用其劳动力，这些人专业技术差，能干出什么优质产品？由于产业布局分散，人才资源、信息资源会遇到许多障碍。

北京有可能再次失去调整城市布局和产业布局、做大做强一批大企业、强化经济中心形象的机会。

3. 多点布线式

北京应按一个大“十字形”，采用珍珠串、多中心，重新布局。目前的五环路以内就是大“十字”两条线的交叉点。沿着十字交叉点的延长线，重新布局，一直延长到天津和河北境内。

国家对四个直辖市应采用特殊政策，直辖市可以跨区办工商企业，税收由两地分成，分成比例由双方自行决定，并受到法律保护。

十字延长线的规划最终拍板权属市政府。区、县政府有建议权、局部规划权，整体规划权由市政府掌握。

占用空间较大，特别是生产型、教育型新建的企事业单位一律不准进城，尽量安排在十字线上，搬迁的企业，扩建的单位也鼓励向十字线集中。各大学再扩大规模都应向西北分散。

高新技术产业放在中关村是一个败笔。一是破坏了高校区的宁静和皇家园林的恬雅；二是地皮有限。目前已出现交通拥挤和高楼堆积。高新技术产业应当放在昌平县西北部，从地理环境上看三面环山，自成体系，布局完整，地价也便宜。

从东北五环至密云，沿途可设立若干个工业区，如机械制造工业区，将相关企业迁入区内，自成中心，配套各种生活服务设施，在生活、教育环境上与市中心没有差别。同类产业集中，便于交流技术信息，便于人才和劳动力互动，便于技术生长。甲厂不用的人，乙厂可能正缺。就地就业便利。也便于形成规模，做大做强，打造品牌。从市区到密云之间，建立高速轻轨，高速公路，上下班快捷。市民实现两套住房的梦想，在工作地买一套房，生态环境优美，大有别墅情趣；城区住房可住可租，两边居住也不麻烦，因为交通便捷、舒服，如果一边居住，出租另一边尚有收入。

化工和冶金企业要么淘汰，要么搬到燕郊或更远的地方，总之向东或东南搬，不能向西和西北搬。建立跨省化工产业区也是可选之举。

用不着担心职工不出城，北京的就业压力越来越大，大学毕业生只要户口留在北京，原有的住房留在市区，他们为了生存定会主动去郊区，甚至去外地的北京企业就业。

五、节点性视觉要素的改善

节点在城市形象理论中是一个抽象的概念，它的内涵广泛。节点与城市形象的关联可以从网络计划图中的节点与箭线的关系上理解。节点是箭头箭线的终点，又是箭尾箭线的起点（○→○→○）。城市结构就是一幅巨型网络图。

节点性视觉要素，可以概括为六点，即交叉点、景观点、服务点、居住点、办公点、产业点。北京这六点的视觉形象虽然各有各的优点和缺陷，但核心问题还是布局不合理。

1. 交叉点流畅性

道路的交点，如十字路口、丁字路口、立交桥等，常常成为交通的瓶颈，堵车现象严重，或者成为行人最短距离取向的障碍。对这类交点要进行科学设计，重新改造，通过立体交叉，空中走廊，分流不同方向的车辆和行人，消除堵车和行人冒险跨越车道的机制，从点上改变线路现状。北京北四环的健翔桥是京昌高速公路与四环的交叉点，架起多层立交桥后，东部和西部的车畅行无阻地直接进入京昌高速路；南北车辆也可直驰东、西。

2. 景观点近距性

景点包括各类人文景观和自然景观及广场。北京人休闲时间增长，周休两天，节假日延长，老龄人员已近10%，旅游业日益时尚，在这种背景下，如何更方便快捷地走进自然环境，如何建立更多的集体沟通和活动场地已成为城市生活的重要课题。景点近距性有两种方式，一种是改善城区通往郊区景点的交通条件，建立高速公路和城市铁路，增加公共交通车辆。让速度缩短距离。过去到八达岭，汽车在半山腰和盘山公路行驰，路窄车多、悬崖陡峭，慢且危险；如今高速公路沿山谷直通八达岭，时间缩短了数倍且极为安全。过去去香山，必须在颐和园门口换车，只有一路公共汽车到香山。现在不仅车多、直达，而且道路宽广。

景点近距性的另一种改善方式是把广场、公园修到家门口。每个社区、小区都有大小公园，大小广场，市政府规定每个街道要建500平方米的社区公园。

3. 办公点格局化

北京城市布局始终改变不了一个中心的局面，机关单位分散不出去，卫星城打造不起来；各机关、企事业单位存在着向中心地带扎堆倾向，与市中心的功能分散不出来有直接关系。北京市社科院城市所专家叶立梅建议北京市委和市政府迁出市中心，实为一项根本之策。目前北京市委和市政府的办公地点与党中央和国务院只隔一条长安街大道。市政府迁到长安街西延长线上的石景山区，将首钢迁出北京，关闭门头沟山里带有污染性的企业，北京西面会打造出一座秀丽的山水城市。这样，北京形成两大中心办公区的格局，原市中心是中央办公区，新市中心是市政府办公区。许多机关、学校、商业、居民会向新的市中心集居，从根本上改变北京中心区人口过密，单位过多，交通拥挤的状况。各郊区、县的车辆，会减少进入三环的必要性，从四环路就可以进入市政府办公区。市委和市政府机关的办公条件和居住条件也会有较大的改善，打造出一种全新的政府机关形象。

4. 居住点郊区化

居住点郊区化有许多好处，有助于分散城区人口密度，改善城区的生态环境和保持中央办公区的宁静；有利于居民住房条件的改善和生活环境更亲近自然；对防疫、防震和预防战争中的平民伤亡有战略意义；同时对促进郊区农村城市化会起带动作用；对古都风貌成片保护腾出空间，增加北京的旅游资源。

郊区的居住点设计要有长远观念，使住宅及其环境适应未来的发展目标，降低高度，拉大间距，更加人性化，并对市区居民富有吸引力。北京要打造全国最好的居住区形象，离不开郊区居住点的设计和建设。

居住郊区化的前提条件是减少郊区与市区生活便利的差距，各种市政设施配套齐全，各种生活必须品供应丰富，选择余地大；进城区交通快捷便利。居住点郊区化，学校、医院、企业、机关也要向郊区分散，建立新的中心区，新的卫星城，不然居住点郊区化只能是纸上谈兵。

5．服务点网络化

北京的大医院、中学、商场，基本集中在城区，居民向郊区分散不出去，与购物、上学、工作和医疗设施过渡集中在城区有重要关系。应当有计划地分散医院、学校和商业，形成网络化。从区到街道和社区，根据人口密度，设立多少大医院、中等医院和医疗站，设立多少中小学，设立多少大、中、小商场和商店，应制定规划。各种规模的医疗、商业、学校，按专业系统集中统一管理，比如中小医院和站点最好是大医院的分支机构，形成具有内在业务联系的体系，不要形成一个个“独立山头”，没有控制地侵害居民利益。目前有些开发商在郊区开发的居民住宅区，物业、商业和学校全由开发商经营，只赚钱，不服务，商店里的商品质次价高，物业服务质量差，学校打着贵族旗号，不仅教学质量差，而且收费极高。这种状况无法实现住宅郊区化，只能导致居民返城化。

6．产业点园区化

将城区的工业全部迁入郊区，不准各自为政、自由选址，由市政府与区政府统一规划不同产业园区，同一产业集中在同一园区，壮大北京的产业规模，形成产业链。同时配套各种生活设施，将居住区与产业园区配起套来，建立特色产业卫星城。

六、边缘性视觉要素的改善

边缘性视觉要素的改善要从城市绿化带、城市天际线、城市街道等方面做起。

1．城市绿化带

北京的城市边缘应当完全由绿色构成，城内城外以及周边均以绿色林木和花草为界。

第一道边界是城外防风沙林带。退垦还林、退牧还林，让一条绿色的长城围住北京北部的高原。北京与河北和天津的平原地区的边界，也应当筑起一圈至少百米宽的白杨林。山地边界的林带宽度无限。北京要座在一个绿环之中。

第二道绿化带是北京的远郊山区和平原。城八区以外的区、县之间也要以百米宽的林带为界，使人产生清楚的进入感和走出感，这不仅有利于区、县的美化和绿化，而且增强区域责任意识。

第三道绿化带是城区周边，如北部大屯地区建立了196公顷的绿化带，未来的13000亩的国家森林公园对城区也起绿化隔离作用。东部、西部、南部同样要建立城区绿化隔离带。使城区围起一道绿色的“城墙”，防止建筑群连接成片。

第四道是北京的“三边”绿化带。一是路边绿化带，二环、三环、四环和五环路两边建数米以至百米绿地和树林；城内及郊区大小道路两边要种树、植草、栽花，道路中间的隔离网下栽种攀援蔷薇和月季花，筑起花墙，立交桥垂直绿化。二是河边绿化带，让北京的河水还清，建立水系园林长廊。加速清河、温榆河、凉水河、马草河、坝河、小月河等河流治理。种草植树，创造清水、绿地生态环境，养鱼放鸟。三是墙边绿化带，故宫等古代建筑和园林的实体红墙外，种草种花，镶上花边；建立花园式单位庭院和花园式住宅小区，并要拆墙透绿，不准再建实体围墙。

在打造北京“绿边”的同时，为减少单调感还辅以“绿点”。城区建筑群与绿地相间。市政府制定了500米内见绿地的规划，城八区中每个区要建3至10公顷大绿地，每个街道要建500平方米的社区公园。绿地与建筑之间形成了另一种“边界景观”。公园和风景区提升绿化、美化和生态水平，引鸟、引禽、引松鼠。拉近人与动物的距离，加强相互沟通。各类庭院适当栽种高大杨树，为喜鹊筑巢创造条件，实现人鸟全天候相处。

2. 城市精品街

如果说绿化带是城市的“花环”，那么精品街就是城市的“项链”。社区往往是围在商业街之中，同时不同社区又以商业街为界。北京各社区、各街道都打造出一批精品示范街，这种街道是社区最精彩的边界。目前北京的精品街一般由五种要素构成。一是车行道与人行道分离，人行道贴着彩砖，整洁美观；二是绿树成荫，花坛芬芳，街道的草地中地灯光色朦胧；草地和花坛旁设有石凳、铁椅；三是路灯造型美观，富有特色；步行道与车道之间有造型典雅的隔离柱；四是店面高雅，类型齐全，霓虹灯变幻无穷；五是路边草地中或步行道上雕塑小品，有的具象，有的抽象，极富艺术魅力。

精品街与非精品街在夜间完全是社区的两种不同的边缘景观，一个繁华，一个清冷；一个珠光宝气，一个朴实无华。北京在2008年要把全部街道建设成风采各异的精品街，社区的条条边界将变得灿烂夺目。

精品街的要素并非有固定的统一的标准。即一个没有商业门面的街道，也可以通过纯自然要素打造成精品街，打造成精品胡同，只要富有生态性、整洁性和夜间充足的照明。

3. 城市天际线

城市天际线就是城市的轮廓线。城市天际线是城市的总体视觉形象的组成部分，是城市边际视感。城市天际线的观察点要在远处和高处。站在景山上，故宫的红墙黄瓦布满视野，一片金碧辉煌连接天边，气势雄伟，高贵神圣。站在远处遥望京西，山峰环抱北京，西山构成了北京的天际线。

城市视觉形象的创造，要充分利用天际线。一是打造优美的城市天际线，为突现故宫的空间轮廓，故宫周围就不能有高大的建筑遮挡视线，必须保持其传统的背景环境，保护故宫不仅保护古建筑本身，而且要保护它周边的历史环境。

二是不要破坏自然形成的天际线，从八大处到颐和园，京西一带不宜建筑高大建筑群，以免挡住人的视线。远见青山，使人有摆脱钢筋混凝土丛林和呆板平面的感觉，形成视觉高低层次差异。

三是减少建筑密度，增加绿化面积，并且适当种植高大树木，形成一种绿树与建筑相间的城市轮廓，刚柔相济、人文与自然相伴的视觉。

四是在一定地段适当建筑造型优美，色彩独特，顶部富有创意的单体建筑，成为区域地标，便于行人和车辆辨别自己的方位。

城市天际线并不是在任何情况下都是必要的，有时为了创造一种局部环境反而要从人的视线中消除城市的天际线。比如高速公路、立交桥、空中走廊和铁路两旁，为了创造一种在森林中行走的感觉，要通过种植高密度的白杨树，将人的视觉与外部封住，见林不见城。

城市的整体形象设计和局部形象设计不能忽略了城市天际线。北京的昌平区、海淀区、门头沟区、密云县等，都是有山的区县，在区域形象的创造中，特别要重视运用自然景观，运用地势的起伏、创造优美的城市轮廓。

第四节　视觉形象落差

城市的视觉形象要保持协调，协调就是美。城市视觉形象的大忌是不良落差现象，一个小的落差，会毁了整个形象的认知结论。

一、视觉形象落差的种类

所谓城市形象的视觉落差，就是指美的形象与丑的形象之间的差异程度，形象差异总是有的，但是程度不易过大。城市形象的视觉差异按不同标志可以分为四种。

1. 环境形象视觉落差

城市环境存在不均衡现象是难免的，但是不能落差太大。北京的城市环境存在着三种较大的落差。一是小区环境形象落差。有不少小区环境优美，绿树成荫，路面洁净；有的小区却是“城市中的乡村”，垃圾便地，苍蝇扑面。即使在市区、在繁华地带也存在着这种居住环境落差。这不是硬件问题，完全是缺乏管理造成的。二是室内外环境形象落差。室外环境绿树成荫，路面洁净，而室内环境破落不堪，楼道墙皮斑驳脱落，脏旧如烟熏火燎。楼道窗框锈迹斑斑，玻璃残缺不全，楼道内摆着纸箱、木柜，进出要侧过身来。公众把内外环境落差比作“驴粪球外面光”。三是街面环境形象落差。城乡结合部地区，有些路面坑洼不平，雨天积水成河，汽车一过，污水四溅，行人和店面受害，道路旁寸绿不生，店面也是临时建筑，大部分是外地人在经营小商品。城区也存在着房屋低矮破旧的街面，基本特色是杂乱、残破、陈旧、落后。这种街面与精品街相比，形象有天壤之别。

2. 行为形象视觉落差

行为形象落差主要是指精神文明与物质文明之间的落差过大，物质文明是高档次，而精神文明是低档次。“铺上了纯毛地毯，改不了随地吐痰”，使一种文明的形象打上了另一种不文明的印迹。这种现象在北京随处可见。衣冠楚楚的女孩子，语言粗俗，动作酸野；鲜花镶边的彩砖人行道上，痰迹斑斑；在现代建筑背景下的市民由于一点小事相互骂声振天，大打出手；在灯红酒绿的街道上，众人围观受伤者见死不救；庄严宽畅的天安门广场上遍地吐满了口香糖；造型典雅的体育场内，观赛者骂声不绝，不是个体骂人，而是群体齐声叫骂，用词不堪入耳……这种种行为与高度的物质文明形象形成了鲜明的落差。

3. 城乡形象视觉落差

发达国家与发展中国家城乡形象差异集中表现在落差程度上。韩国的城市和农村景观特色不同，但是，发达与落后，优美与脏乱的差距甚小。在这方面的视觉落差微乎其微。中国的一些大城市在景观上与发达国家比没有多大差距，甚至有些城市建设超过了发达国家。但是，到中国农村看看，与发达国家的差距就显现了。连北京的一些农村都没有消灭泥土路，旧砖房，垃圾山，臭水沟，无篷厕的景象，更不要说某些贫困地区农村了。城乡形象视觉落差过大，使人怀疑一个国家或一个城市现代化的真实性。城乡形象视觉落差小是一个城市具备完整的视觉形象的重要条件，也是一个城市实现现代化的外部形象标志。

二、视觉形象落差的危害

城市形象设计与形象建设不仅要锦上添花，而且要“雪中送炭”，要把减少和降低形象落差作为重点，不然城市总体形象是难以坚固地树立起来的。

1. 落差危害形象的整体性

城市的整体形象是由局部形象构成的，但是局部是整体中的局部，是与整体不可分割的局部，局部离开了整体它就不能生存，整体离开了局部也无法生存。从这个意义上讲，局部也是整体。比如北京故宫的城墙，只有与故宫连在一起才显示价值与辉煌，故宫也只有与城墙结合才更显气势。肺是人体的局部，离开了肺，肺和人体全不能存活。城市形象的某种视觉落差，有“一块臭肉害满锅”的不良影响。

在城市形象客体一节中我们讲过，外地人和外国人看北京的某种偶然的、局部的美好形象或不良形象均有以点代面，放大扩散的效应和习惯。2008 年奥运会期间，外国人只要看见一个中国人随地吐痰，看到一个地段的地面痰迹较多，就会把它看作全体市民和整个北京的行为和现象。所以城市形象的视觉落差会破坏城市的整体形象。即使已经认识了整体形象的优良性，也会大打折扣，重新认知。

2. 落差危害形象的认同性

透过现象看本质，透过局部看整体，这是人们认识城市形象的基本方式和方法。人们一方面看到城市形象好的一面，一方面又看到城市形象差的一面，人们会产生许多疑问，这种差的一面占多大比重？是否每栋楼都是外部洁净内部脏乱？这个城市的政府和社区是否不是以市民为本，而是以对外形象为本？这个城市是不是贫富悬殊，富的小区环境好，穷的小区环境差？为什么政府和社区不尽快铲除这些落后问题？

这种种疑问，对城市优美形象的真实性打上了问号。城市形象失去了可信度，至少对城市形象的完美性和协调性打上问号。居住在落差大的小区的居民对城市形象就会缺乏认同感；外地人和外国人对城市形象的认同也会打折扣。

3. 落差危害形象的协调性

城市形象美是一种协调的关系、协调的组合，它与人体美是一样的。周庄很美，各种青砖黑瓦的古建筑排列于河道两岸，建筑物几乎贴岸而建，出门见水。水并不清，房也不新，但是比精品街，高档住宅区更有韵味，因为其协调，有文化内涵。周庄某些地段如果拆旧平房盖起两栋洋楼则景观全完，因为破坏了协调。一个人，孤立地评价她面部的每个局部器官可能都谈不上出众，但组合起来，整个脸面却很美；相反，有的人眼睛非常动人，但是整体看并不美。大量现象证明，美的规律是协调，外部要素互相协调，内外文化气质互相协调。城市的视觉形象落差破坏了这种美的原则，因此才造成"一着不慎满盘皆输"的结果。

不文明的行为与城市文明的建设不协调；外部环境整洁与内部环境脏乱不协调；有的小区整洁，有的小区脏乱不协调；不要说更多的不协调，仅就这三个不协调，城市视觉形象就杂乱无章了，就丧失了有序性，使城市形象客体难以对这个城市形成一种完善的美好的印象。北京为迎2008年的奥运会应特别注重视觉形象落差过大的问题，创造协调的城市形象。

4. 落差危害形象的目的性

城市形象设计有一定的目的性，北京要建成现代化的国际大都市这是一种形象目的，北京要在2008年奥运会期间给外国人创造一个绿色北京、科技北京、人文北京的形象这也是一种形象目的。城市视觉形象落差会破坏这种目的性，可能功亏一篑。

在赛场上，一场"京骂"就可能基本上推翻或动摇外国人对北京已经形成的"人文形象"；遍地垃圾和痰迹，会抹杀多年来打造的绿地和林带所创造的绿色形象，因为广义的绿色包括了环境保护和人们的现代卫生习惯与生活方式。千里长堤溃于蚁穴，一种看似不大的形象落差，可能使我们的形象目标期望值大打折扣，甚至完全摧毁。

三、消减形象视觉落差的方式

城市形象视觉落差应当逐步消减，方法是定位清晰，全面打造，拉网审查，补充完善。

1. 城市视觉形象定位与打造

首先对城市的总体形象目标进行定位，比如2008年北京要在外国运动员、教练员、媒体记者和观众视觉中留下一种什么形象，事先必须完全清楚，而后按着这种定位目标进行建设。

2008年北京的城市形象定位至少要设立五个目标：

（1）绿色的北京

体现回归自然，天人合一。北京五环以内应建成具有国际水平的园林城市，城在园林中，园林在城中。建筑物与绿色，你中有我，我中有你，立体交织。西北和东北部山区，即门头沟、延庆、怀柔、密云、房山等区要建成北京的山水城市，形成多中心，建立多层绿化带，确立城市的生态标志。

（2）洁净的北京

体现一流环保，一流卫生。加强环境保护，让天更蓝，地更绿，空气更清新。控制大气颗粒物污染，少烧煤，多用气、用电，用煤要用优质煤，减少二氧化硫和粉尘排放量。从油质、汽车环保性和使用过程监督等多环节控制机动车尾气污染。关闭中小水泥厂、白灰厂，搬迁化工厂，压缩冶金产量，减少工业污染。施工、汽车、火车、飞机的噪声污染十分严重，要采取有效措施，包括搬迁居民远离噪声地带。扬尘是最令人厌恶的“景观”，春秋两季尤为严重。要实行“京城黄土不露天”标准，建立塑化操场和室内运动馆。煤、渣、灰、土、料，一律不准露天堆放，必须覆盖。运输此类东西的车辆也必须密闭化。让北京的物理环境和化学环境均达到国际一流水准。

食品卫生是北京洁净视觉形象的第二大要素。中国肝炎病毒携带者和病人达1亿以上，中国快餐与美国快餐业无法竞争的瓶颈就在于卫生，而不是口味和饮食习惯。北京的食品从原料到加工，从操作人员到餐具，没有一个环节叫人放心。据我们调查，即使高档饭店，在客人多的情况下，餐具也不经消毒就重复使用。调查显示，在食品各项指标中，全市居民对卫生不满意的占75%；各类食品中对熟食卫生不满的占48%，对肉类卫生不满的占31%；对餐饮业，餐具卫生不满的占44%，原料卫生不满的占29%，服务人员健康不满的占24%，其他占3%。这种状况留不住外国人，也留不住有层次的中国人。

居住环境卫生是北京洁净视觉形象的第三大要素。不少小区继续使用垃圾道，夏天苍蝇成群；楼道墙皮脱落，肮脏不堪，多年没有粉刷，楼道窗户残缺不全。这种状况产生什么视觉效应是可想而知的，必须有计划地加以改造。

(3) 特色的北京

体现特色独具，文化多元。北京的现代建筑与外国各大城市的现代建筑没有什么两样，无论怎么雕琢也都属于皮毛之差，没有实质性不同。想在现代建筑上打造北京特色简直是痴人说梦，只能欺骗没有出过国的人。北京惟一的特色就是仅存的一座故宫和若干皇家园林，还有一大部分十分宝贵的遗产，就是平民胡同和四合院，目前也逐渐为楼房所取代。北京的特色与日俱减。我们出国，不愿意看现代的高楼大厦，而去访古或游自然风光；购物也不买现代电子产品和衣着，而是去买富有民族特色的工艺品。难道外国人来中国与我们去外国的行为会不同吗？要整片保护一些胡同，再毁掉，就只剩皇帝遗址了，没有市民遗址。

(4) 繁荣的北京

体现后发先至，富贵高雅。繁荣的北京形象要素主要由街道景观、小区景观和建筑景观等构成。北京是发展中国家的城市，改革开放以来，突飞猛进地发展，创造了举世瞩目的"北京速度"，后发先至，逐步接近了发达国家城市水平。可用街区等景观创造这种认知。街区高楼林立，错落有致，造型艺术；商业发达，门面靓丽，商品繁多，品牌知名，人气旺盛；餐饮、娱乐等服务业发达，门类齐全，方便快捷，信誉卓著；白天车水马龙，夜晚亮到天明。小区环境优美，生活舒适、安宁。老有所养、寡有所依、困有所助，亲切祥和。

(5) 精致的北京

体现细致严谨，富有品位。精致的形象体现在诸多细节上。包括广告、路灯、路牌、店牌、橱窗、雕塑、建筑小品、房屋色彩、照明光线等等。

北京的楼房色彩定位于浅灰色，有人认为北京皇城红墙金瓦，只有平民胡同是灰色，似乎只有大红、大黄、大绿才能为平民的历史地位平反。这是一种错误的理解，满城大红大黄大绿好看吗？灰色是基调，并不是没有变化，实际上北京的楼房就是多色彩的，但是都保持浅色与标准灰色协调。即使灰是平民色又有什么不好呢？

广告、路灯、路牌、店牌、橱窗、雕塑、建筑小品等要有艺术性，在造型上、材质上、环保上、色彩上精细设计与制作，并保持完好性。细节虽小，小中见大。一个残缺的霓虹灯就有可能改变一个人对整个城市精神和层次的认知。

2. 定期轮番拉网审视目标形象

按条条、块块，由官员、专家和群众对城市目标形象拉网审视，找出差距，限期整改。

政府有关部门，如规划、工商、城管、园林局、林业局、市政、卫生等，按专业分口对主管的项目进行全市性拉网检查，为了更准确地把握形象目标标准，可以聘请有关专家参加，鼓励达标的，纠正不合目标的。

以街道办事处为主力，政府有关职能部门协助，对辖区内的各社区逐个拉网审查，找出不良形象死角，采取有效措施，落实到有关部门和人员，限期改进。

广为宣传城市视觉形象目标标准，使全体市民人人皆知，鼓励市民参与监督和检查，及时向政府和社区组织反映，并提出取改进的意见和建议。

为了防止一些软指标发生反复，应当定期开展拉网检查，反复抓，抓反复，不断巩固成果，促进不良习惯的改善，加大打击工商企业唯利是图，不负责任的违规违法行为，以确保 2008 年的北京形象目标定位。

3. 建立城市形象目标管理制度

将城市形象目标定位及相关要素，分解在政府各职能部门和社区的各项管理工作之中，划整为零，整体协同，分中有合，齐抓共管。特别是洁净的北京和精致的北京两个形象目标，具有较大的难度。洁净的北京目标，应当按要素列入卫生局、工商局、技监局、社区、市场和生产企业的卫生和环境管理制度之中，抓源头、抓结果、抓中间的每一个环节，设立多道防线，筑起多道防护闸，确保城市形象目标定位的落实。

既要提出目标，又要有达到目标的物质条件和管理方法，不然目标就不能落实，落实了也不能持久。北京有一些拆迁户住的小区，早期的政策与后来的政策不一样，他们没有得到补偿；开发商分给他们的住房又存在着若干质量问题，双方矛盾较大。这些居民既不买房，也不交房租，甚至连取暖费也不交。小区形成了几不管的局面。垃圾道的改造，垃圾箱的购置，楼道的粉刷，物业服务等费用由谁出？诸如此类的问题不解决，脏乱差小区形象的改变是困难的。北京在评比金牌住宅区，新的商品楼小区容易达到金牌形象目标，而城区许多旧楼区，特别是属于倒闭的国有企业的职工住宅楼群，别说达到金牌标准，连铜牌标准也相距甚远，这种住宅区的环境改造由谁投资？不解决这些历史遗留问题，北京的城市形象落差就难以消除。在城市形象目标分解管理的过程中，应当把许多棘手的问题和事项也分配到具体的部门去管理，无主的地盘容易成为形象最差的角落。

参 考 文 献

1. (美)凯文·林奇著.城市意象.华夏出版社,2001年出版
2. (美)凯文·林奇著.城市形态.华夏出版社,2001年出版
3. 梁雪 肖连望编著.城市空间设计.天津大学出版社,2000年出版
4. (美)理查德·瑞吉斯特.生态城市.社会科学文献出版社,2002年出版
5. 张穗华主编.城市迷宫.中国对外翻译出版公司,2002年出版
6. (美)鲁道夫·阿恩海姆著.视觉思维.四川人民出版社,1998年出版
7. (美)鲁道夫·阿恩海姆著.艺术与视知觉.四川人民出版社,1998年出版
8. (美)莫什·萨夫迪等.后汽车时代的城市.人民文学出版社,2001年出版
9. 王德业主编.区域形象浪潮.新华出版社,1998年出版
10. 曹随 陆奇主编.政府机关形象设计与形象管理.经济管理出版社,2002年出版